NUMBER FILL-IN

PUZZLE BOOK FOR ADULTS

This Book Belongs To

MIND SPARK

Happy puzzling!

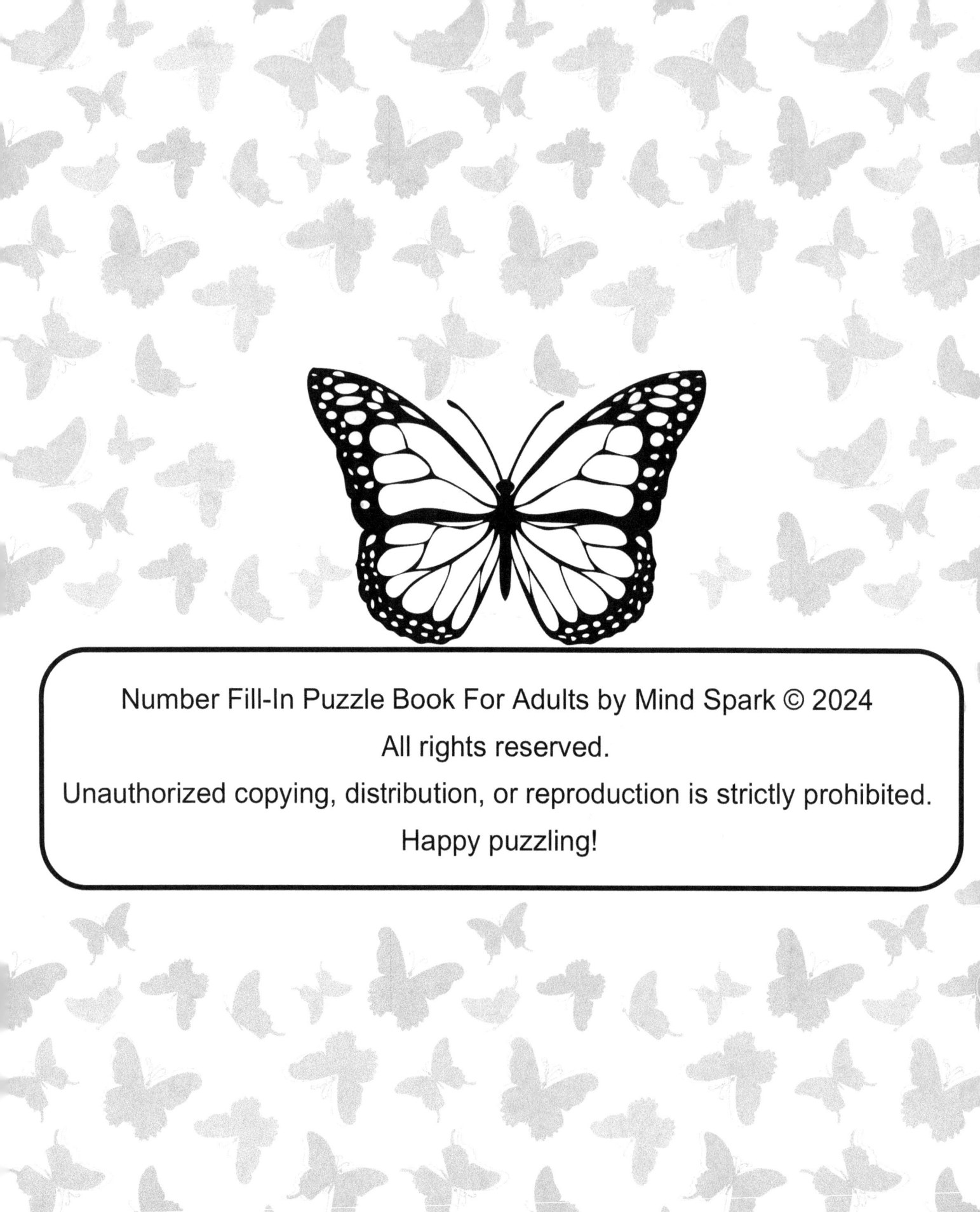

TABLE OF CONTENTS

HOW TO PLAY

You'll see a grid of empty squares, just like a crossword puzzle. On the side of the grid, you'll find a list of numbers, these are the ones you need to place in the empty squares.

You can place numbers in two directions:

❶ Along the horizontal axis.
❷ Vertically downward.

There's only one correct solution, and you can find it at the end of the book for reference.

If you see duplicate numbers in the list, it means you'll need to find their position both horizontally and vertically.

SCAN ME

FREE

As a token of appreciation for your trust, we're delighted to offer you a complimentary Sudoku book. Simply scan the QR code above to access your bonus. We also kindly ask for your review on Amazon, as your feedback is incredibly valuable to us.

1

2
13
13
15
21
34
49
51
68
72
72
83
85
99

3
161
173
254
352
443
455
556
673
717
755
822

4
6927
7897
8642

5
13511
24613
52916

6
213944
316874
318168
561239
718575
765714
773939
815353

10
8727367865

2

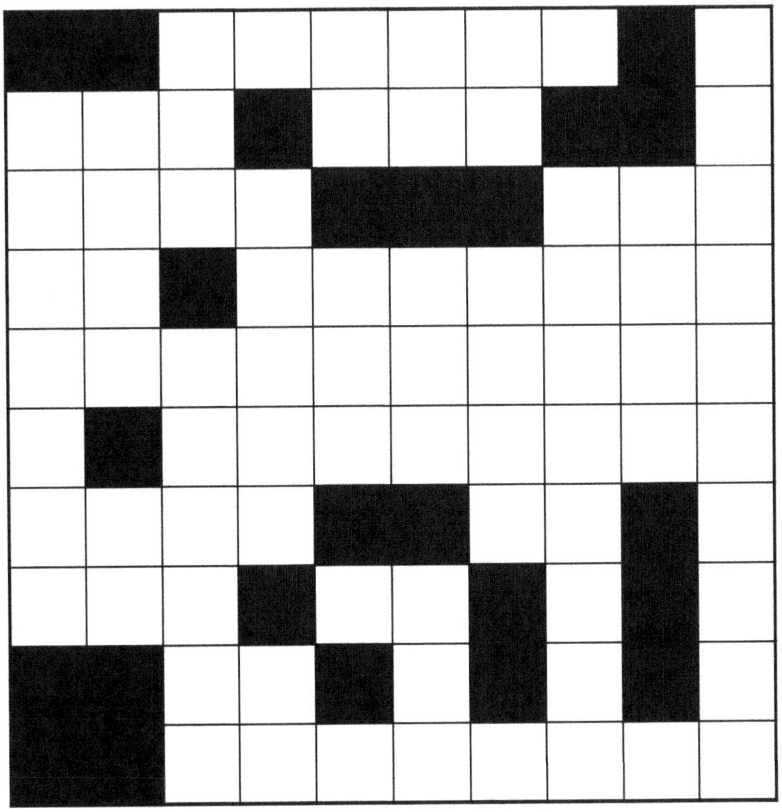

2
19
27
36
42
58
71
76
96
99

3
126
252
273
344
682
693
699
841

4
1119
3522
4516
4567
5122

5
68562

6
887194
912243

7
3438536
8621112

8
16331421
21146817
37267799

10
2422912949
8795971129

3

2
23
33
35
36
43
51
62
67
77
96

3
213
573
841

4
3252
3262
3573
5532
5723
6271
8743

5
25481
44137
66322

6
177259
373327
433331

7
9688223

8
21762143
68471514
68741151

10
6356571455
7216734897

4

2
19
21
26
29
43
44
47
48
53
57
91
99

3
115
135
286
372
473
654
685
981

4
1932
7681

5
13697
43287
66934

6
517188
625836
639949
936893

7
7192794

8
86517756

9
355424684
911128784

10
1887194834

5

2
31
34
41
42
53
58
81
86
93
93

3
351
415
635
699
821
846

4
2343
4438
8381
9528
9838

5
19156
19513
26522
45957
69918
71245
73113

6
186843
281661

7
3162659

9
163669184
971294511

10
4652893892

6

2
15
19
28
28
45
45
57
66
73
75
97

3
157
176
347
355
436
476
591
864
929

4
2895
5713
6444
7943
8277
9214

5
36787
48275
59328
61166
64655

6
455482
951332

7
5923811
6975855

8
19227158

9
281165197

7

2
35
38
55
55
56
79
88

3
168
213
251
254
647

4
3823
5221
5484
6347
7794

5
45532
64785
82769
91955

6
213361
315925
979436

7
3439269
5323841

9
425475571
654461519

10
2523855477

8

2
46
53
62
67
75
82
85

3
374
398
424
436
566
987

4
2243
3227
3343
5534
6924
7246
7435
8523
8563

5
43443

6
474826
669537

7
3364437

8
35546834
52499468

9
832784591

10
8544452357
9382761775

9

2
16
23
26
26
27
35
41
46
59
62
68
74
74

3
126
146
265
575
682
815
834
981

4
2574
4123
4325
4333
5838

5
49817

6
324465
432119
816951

7
3277121
4349525
4554119

8
22533262

9
324668476

10
1672317666

10

2
48
57
79
93
99

3
119
124
259
274
462
513
514
745
772
925

4
8392
8818

5
19652
58381
92935
99915

6
184652
261355
296285
538799
746699

7
6983721

8
38922815
56874933
65127234

9
732198543

11

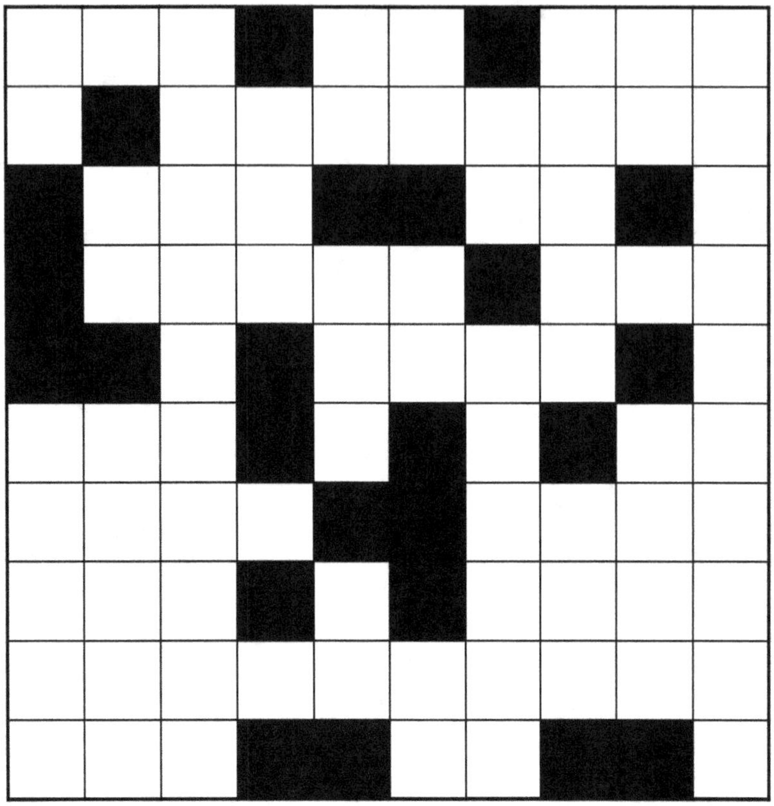

2
32
34
35
37
47
47
53
54
55
66
71
76
84

3
134
138
159
328
445
554
554
624
664
755

4
3361
5252
5921
7656
8259

5
18612
59322
68553
75136

6
573877

8
14554849

10
3296787864
4168252494
8949311947

12

2
13
18
71
91
99

3
229
245
392
469
576
718
733
874
951
977

4
2298
7215
7246
7937
8139

5
12761
25269
74689
98722

6
247912

7
5498889

8
84757712
87172812

9
193938969

10
7734923495
9728439729

13

2
11
22
24
26
52
54
56
59
61
62
73
78
83
86
86
87
92
93

3
148
233
322
328
334
571
578
796
847
936

4
6824
7513
8148

5
16443
25679
51336
51954

6
122119
191699
269852

7
3255948
4184873

8
58168786
74395171

14

2
14
15
25
33
37
43
65
67
74
81
82
94

3
184
251
266
277
493
768
933

4
4434
7458
8385

5
24335
35946
74429

6
743642

7
3828443
4141264
7371311

8
79681934

9
665443849
738847521

10
2927393342
7385536535

15

2
24
27
42
49
68
76
94

3
224
249
278
355
363
495
652
759
892
967
977

4
1614
2198
4317
5774
6862

5
13797
47313
47389
54936
61324

6
385899

7
2613636

8
38451741
48665882

9
897354178

10
9897573558

16

2
14
14
35
45
66
69
74
76
87
87

3
135
255
462
478
486
566
613
614
722
818
845
848

4
5931
6816
7327

5
42886

6
739311
948668

7
8663849
8
49544655
83878215

9
119676684

10
4162193421
4666613492

17

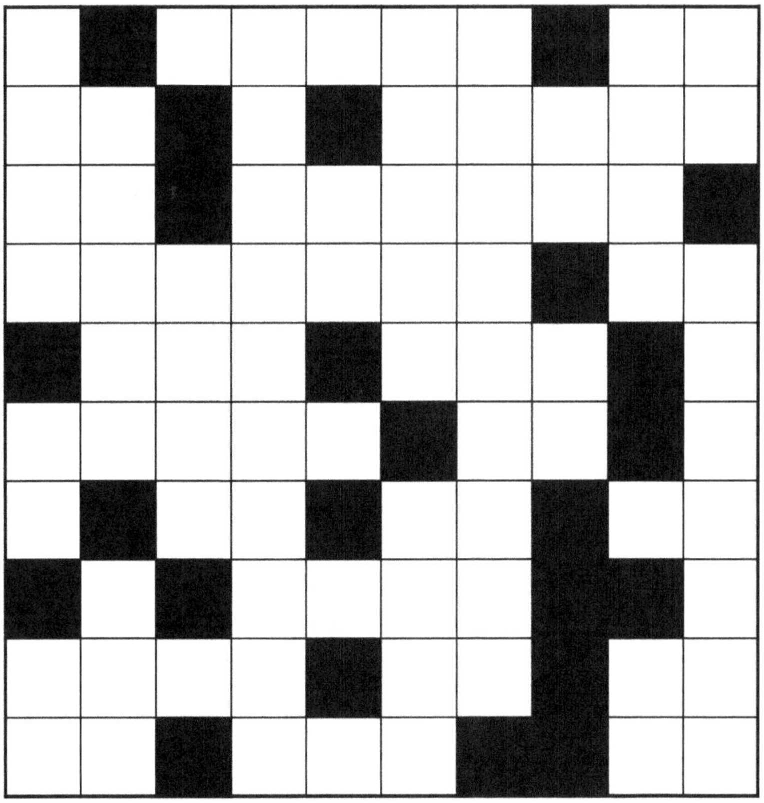

2
18
19
19
21
27
38
38
39
41
47
71
72
77
78
79
82
93
98
99

3
122
399
487
882

4
1474
1732
3219
3844
7919
8199

5
39146
49148
74234
77278
98819

6
372797

7
2839232
7393817

9
897284898

10
7439249843

18

2
11
21
25
28
29
33
56
72
73
76
76

3
123
375
657
663
679
837
921

4
2113
2543
2729
3989
4854
5881
7535
8365

5
69126
79895

6
592144
817941

7
2215874
4764122

9
732179376

10
1986256765
5124693973

19

2
37
38
43
45
53
65
89
93
94
94

3
145
164
383
466
548
555
576
793
857

4
2386
6956

5
12965
19522
32384
49764
54772
93525

6
954733
988724

7
2144857

8
27912563
75556185

10
4194234455
8647855316

20

2
15
19
37
43
81
85
87

3
247
449
527
589
597
641

4
2493
5817
7989
8392
8421
9583
9929
9991

5
18324
54887
76738
79792
83182
84635
92411
97514

6
847976

8
72248514

9
944329984

10
7352467815

21

2
19
33
33
44
53
54
58
67
78
85

3
125
276
599
645
754
791
925
933

4
3428
5576
6855
7987

6
249324
437495
543521
699263
739853
881758

7
2358336
4696732
5771238
7785451
7927172

8
57543761

22

2
27
32
55
61
65
65
67
69
72
86
88

3
161
278
383
393
825
889

4
4681
4876
5524
5666
7632
8327
9328
9682

5
48818
94658

6
262426
275997
349335
633416
658718
868682

8
55956874

10
8248476526

23

2
16
19
22
23
31
32
32
35
42
74

3
434
435
495
557
621
713
959

4
2473
3215
6262
7734

5
11679
21663
33656
47973
63565
79559

6
542463
695921

7
3567721
4231627
7635712

8
64363176

10
6171367295

24

2
24
26
35
36
41
44
69
78
95
97

3
463
499
569
577
654
811
829
841

4
1437
3616
4591
6267
6277

5
11295
11391
36461

6
177923
359296

7
3911128
7596951
9424667

8
21968262
27189492
76399491

25

2
11
23
25
43
53
54
59
61
62
62
67
71
82
87
87
91
95
98

3
136
188
977
996

4
3786
3838

5
44813
47786

6
243967
251162
273538
822464

7
1894399
7354772
9714649

8
95898479

10
1216887834
5269461887

26

2
12
13
14
15
17
22
23
32
33
81
83
84

3
181
334
743

4
1325
1388
5943
6882
7636

5
35657
38746
51244
64435
72285

6
246225
316874

7
1115357
3573637
8353135

8
62726272

10
3684355144
5721673489

27

2

14
26
68
83
87
93

3

128
221
237
443
463
539
779
865
929

4

1144
1958
3819
7335
9855
9863

5

25397
43726
44452
63373
72894
93778

6

416347
547615
599514

7

7191345
7479828

8

72443521

9

239568169

28

2

11
25
54
81
84
99

3

196
514
675
769
791
859
993

4

2778
3419
4797
5556
5619
6573
7761
8274
8518
8978

5

12335
67165

6

678271

7

2286986
8486991

8

75191918

10

7664623111
7755124949

29

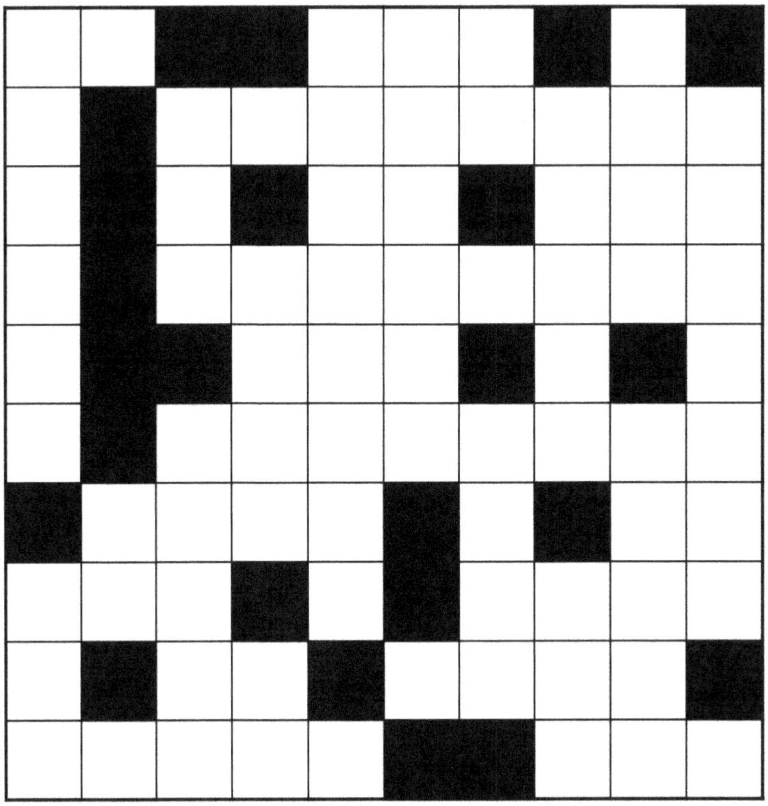

2
27
34
37
46
54
71
82

3
378
466
621
622
669
879
941
995

4
4469
5818
5849
5962
6861
8769

5
47622
52367
68133
86321

6
282793
396718

7
8978119

8
35387878
63827283
66235141
86273397

30

2
14
17
23
26
42
57
63
64
66
68
84
89

3
163
498
519
541
735
884
915
924

4
1751
1794
8945
9979

5
24782
64261

6
549161
588973
782781
814729

7
4846587
6191882

9
518671957

10
4379135314
8432857347

31

2
26
26
27
28
87

3
182
189
368
422
445
627
863
983

4
2146
8137

5
21758
52565

6
211128
437267

7
1932143

8
51632142
79936781
85971129

9
111997764
217228362
352296268

10
3822246194

32

2
33
36
37
53
56

3
297
348
453
474
534
583
664
779
895

4
2477
3567
4695
5388
5444
7378

5
35267
52458
83388

6
372365
499568
553379
664395

7
2479898
7314559
7924554
8272436

10
8499537546

33

2
17
21
23
26
59
61
79
97

3
129
132
193
248
322
492
521
623
624
686
951

4
1198
2947
3561
3994
5159
6521
8492

5
12511
22513
39546
44661
57791

6
624935

7
3614932

8
391112678

9
934461955
941524546

34

2
25
51
66
88
96
98

3
164
258
317
677
731
751
773
916
925
939

4
1828
2676
3231
3581
7195
7395
8143
8241
9822

5
32559
33331

6
798471

8
57316693

9
713691328

10
2332697522
6125613184
6156578155

35

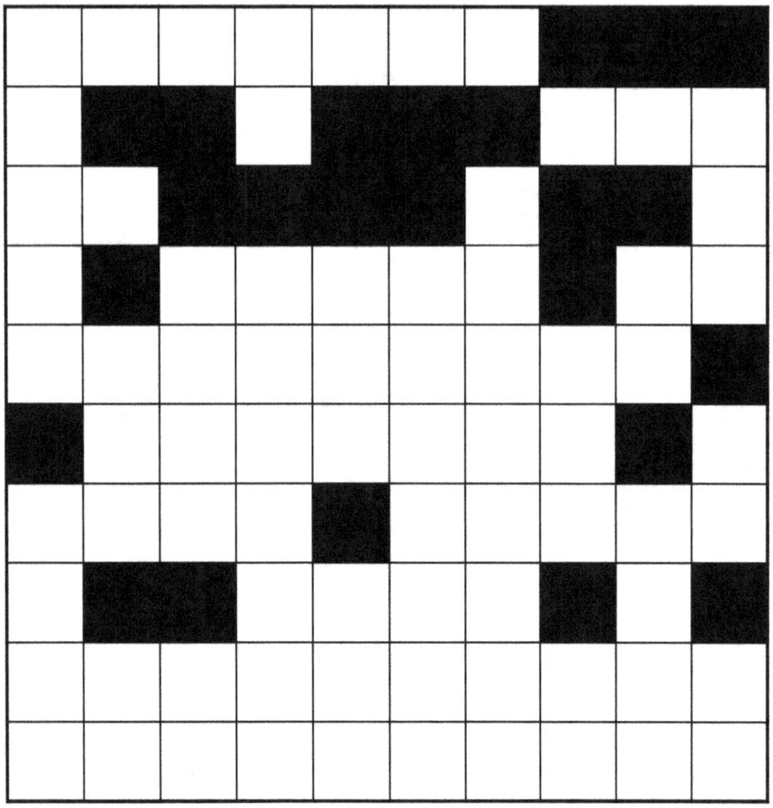

2
13
16
25
26
42
62
65
91
97

3
277
355
581
656
746
931

4
4524
5341
8144
8715
9671

5
32427
46331
88151

7
3255868
3622433
3988764
6954965

8
51368149

9
795959353

10
1666564249
5255649517

36

2
14
19
27
32
36
47
59
87
96
99

3
119
139
169
251
711
729
741
877
888
911

4
2136
2946
3368
6388
7965
8269
9453

5
13327
24546
27439
44617
69298
76238

6
782771
966246
995196

7
7796224

9
882274851

37

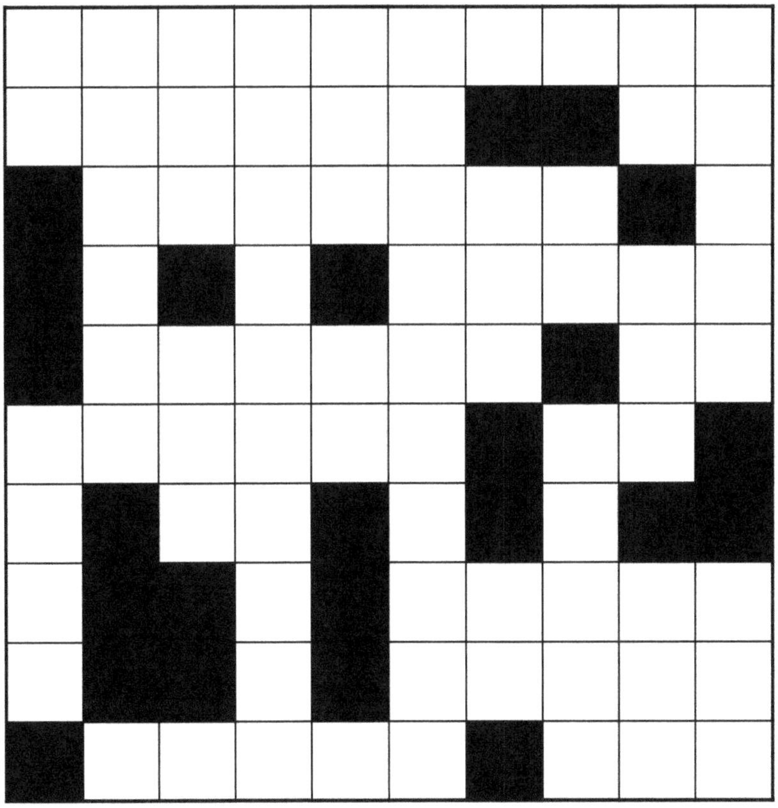

2
32
47
64
79
82
88
89
89
93

3
116
328
382
443
455
469
736
975

4
1631

5
12441
15248
37734
49284
68741
82747

6
122237
158472
734945
958672

7
8215943

10
7291472614
7617428157
8137974944

38

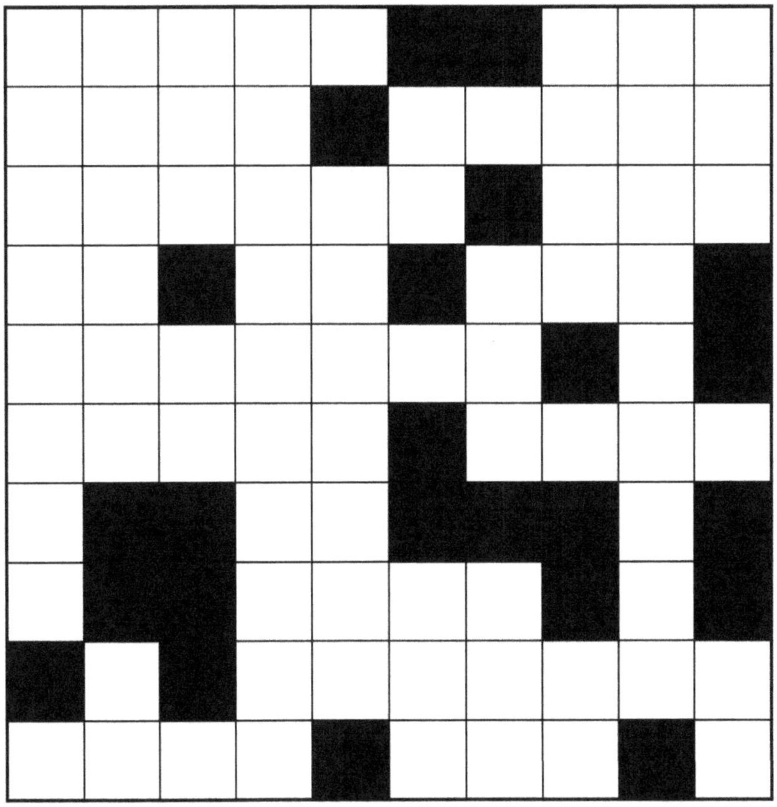

2
18
29
43
56
59
62
73
76

3
132
222
649
772
813
841
869
971
988

4
5771
6781
7641
8989
9982

5
59672
75737
93914

6
398899
588973

7
6873694
7992978
9974946

8
98519515

9
434398459

10
1992475561

39

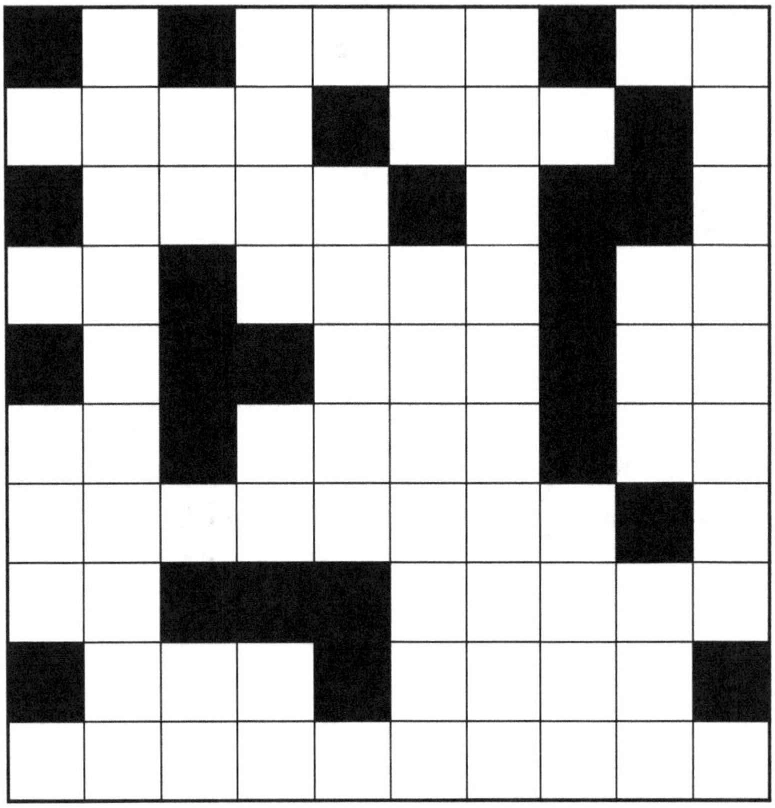

2
14
16
36
49
54
62
65
66
87
87
95
95

3
256
464
468
527
665
953

4
1875
4881
5643
6115
6332
6713
6898
8836

5
36286
36348

7
4574387

8
49795718
58966426

10
2324472245
8213652682
9866558663

40

2
24
46
48
49
64
89
91
99

3
182
298
746
867
873
978
999

4
2321
2717
3988
4689
5933
9332
9738

5
18139
18843
19327
54177
79224

6
449849
728392
789387

7
7819694

9
832274891

10
1383836268

41

2
24
43
54
68
71
72
87
92

3
164
174
181
693
736
819

4
1162
1818
1952
1981
5444
5763
7674
9518
9745

5
25564
41515
46416

6
456491
584579

7
6214567

8
11522922
88114881

10
5348465872

42

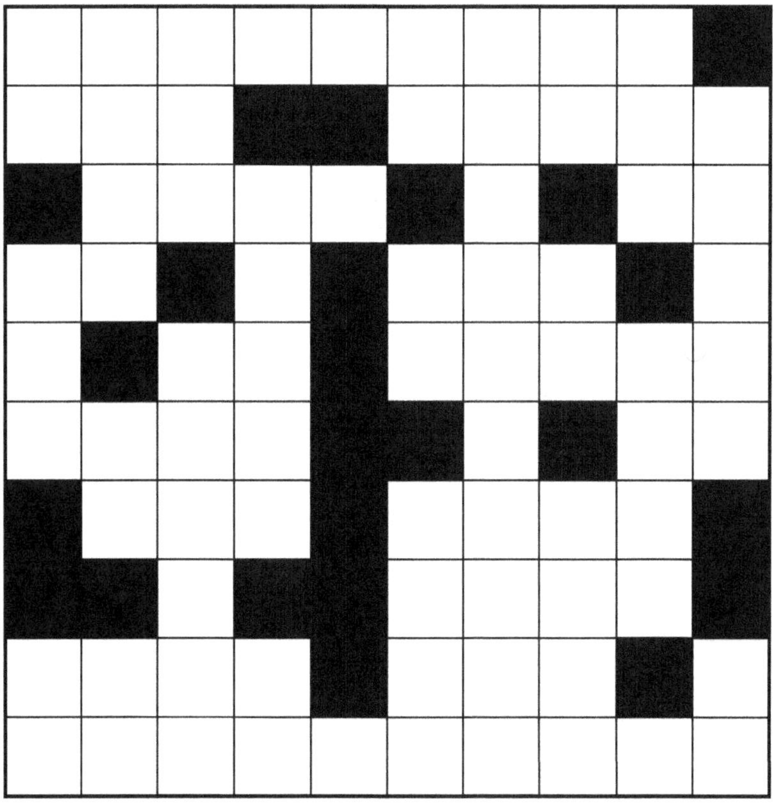

2
16
18
25
33
41
46
55
58
58
64
77
79
81
95

3
379
495
597
651
699
772
818

4
1281
1846
2893
3973
4988
7243
8924
9186
9463

5
38416
42891
45569
76993

6
289525

9
537247474

10
1551617838
4655288817

43

2
17
33
35
46
59
79
87
98

3
111
342
395
413
549
687
795
927

4
5244
7233
8432
8766
9282

5
74273
94953
99136
99334

6
186157
217761
435188
852362
898571

7
1676882
9271895
9329341

10
1783119337

44

2
14
19
29
62
69
69
73
82

3
156
222
375
453
495
641
649
729
757
858
897
898
989

4
1399
1982
4796
5568
5592

5
83195
97816

6
439977

9
159455771
749469586

10
6778924842
8897384118
9719881348

45

2
36
38
43
47
52
55
57
57
65
77
85
85
89
95

3
479
553
574
635
724
879

4
2585
2965
3776
5484
5844
9438

5
49877
58447
58625
84837
88685

6
354748
476478
645485
949323

9
638915695

10
5533892727

46

2
58
66
72
75
79
88
98

3
238
365
383
835
897

4
3419
4242
6127
7234

5
13322
13366
93686

6
428488
933427

7
2956763
4931262
5236235

8
87467263
87682586

9
275844854

10
3278489185
4924192466

47

2
24
39
54
62
76
79
98
99

3
182
269
717
947
968
969

982
999

4
1279
3842
3997
8326
8399
8435

5
39247
54399
82992
83923
87569

6
156419
724133
738589
938988

8
62198219
83797658

10
7722485139

48

2
26
58
68
74
79
82
84
92

3
338
347
467
594
933

4
2386
2433
2534
3685
5236
6174
6847
7754

5
24262
37388
42798
43637
68533

6
434734

7
2355248

8
99572468

9
364878426

10
2566832784
5918544452

49

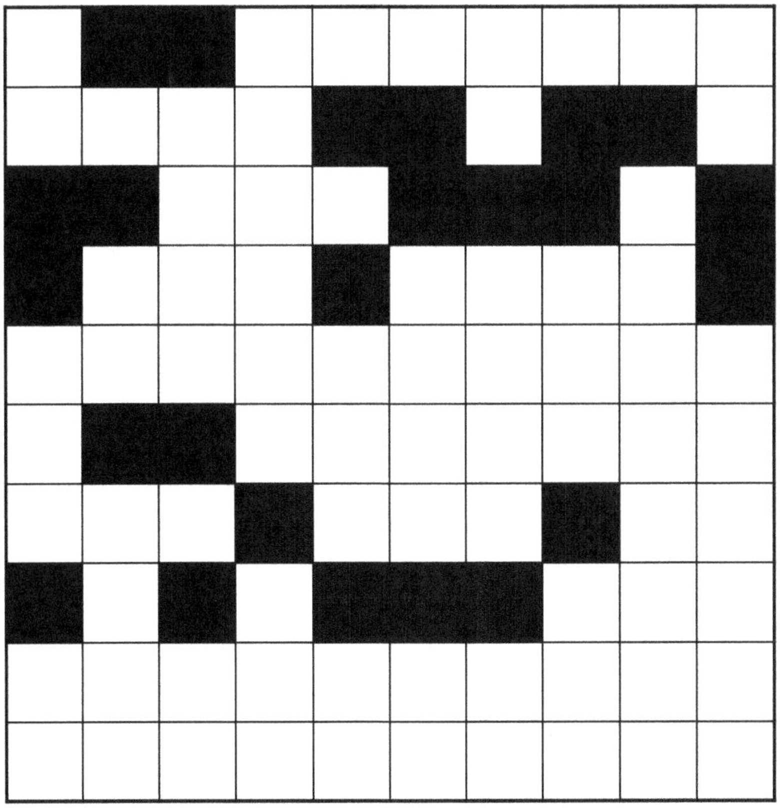

2
22
24
27
33
35
41
49
56
65
93

3
164
217
256
318
582
881
921
984
997
998

4
3391
3793
4219
7387
7542
8765

6
543425
825813

7
3898114
8233262

8
33519824

10
5564921745
6656424922
9391533255

50

2
13
15
26
34
41
43
51
63
74

3
281
324
376
688
782
811
857
988

4
3814
3861
7513
8777

5
66276
72391
88719

6
289343
468934
763848

7
6179113
7928866

10
1195816598
8266978627
9188766116

51

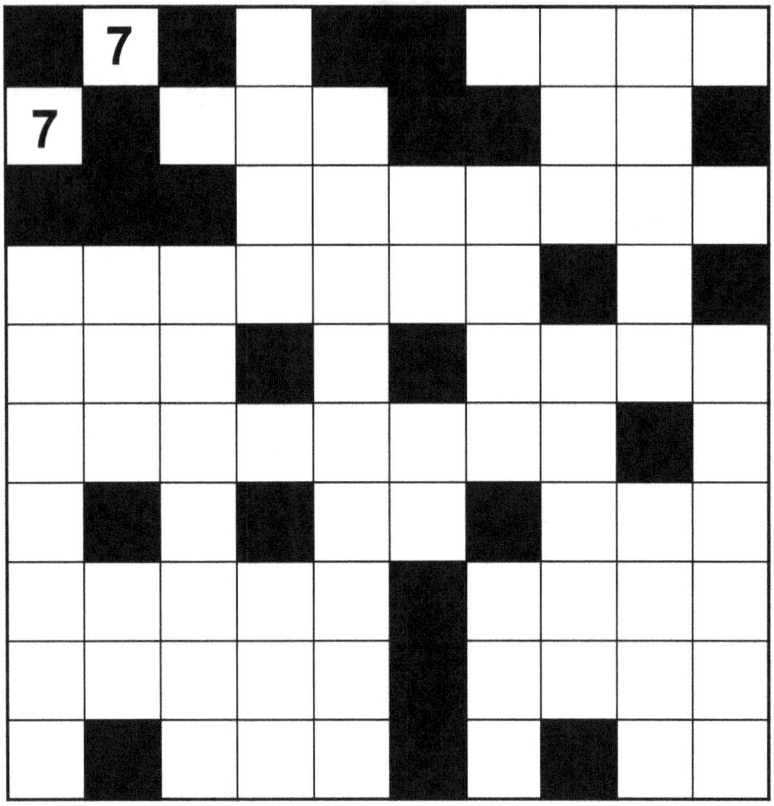

2
16
32
34
64
67
96

3
167
354
448
833
876
881
912
958

4
1526
4829
5378
5472
7251
8356
8725

5
16887
24185
24478
29937

6
142657

7
5419841
7835316
9384123
9952523

8
88146189

9
885769787

52

2
16
18
37
47
48
54
56
65
72
73
83
97

3
165
231
513
555
572
675
816
921

4
2829
3765
5795
6331
7137
7951
9377

5
21796
48843
67973

6
991192

8
41151246

9
736947641

10
2223989588
3224322729

53

2
17
41
46
49
61
85
93
94
95
98

3
192
341
421
692
878
922

4
1751
2111
3614
4219
5145
8769
9986

5
29429
69119
89317

6
186258
258351
378153
893571

7
8468226

9
962512675

10
1343588335
5135149581

54

2
23
26
32
61
62
75

3
126
558
575
667

4
1551
1846
2992
6593
7478
9249
9586
9777

5
25799
28559
46287
68216
93256

6
117824
643815
835574

7
6149465
8597899

8
74722781

9
765546798

10
8765718926

55

2
24
28
29
42
59
72
73
79
99

3
176
357
858
983

4
2176
2471
3196
3873
3924
5899
6819
7722
8388
8568

5
37982
62477
68471
69388
95462

6
435175

8
36449765

9
324582246

10
5147154279
7515496977

56

2
11
47
51
54
61
66
67
81
94
98

3
257
265
443
753
813
911

4
1749
6928

5
21899
39213
57934
68687

6
187846
576248
887767

7
6885832
8343568

8
51876994
61639861

10
7538938934
9258553119

57

2
18
27
41
44
69
76
78
81
93

3
192
228
763
867
871

4
1766
3367
8266
8792

5
67313

6
113681
445962
538787
662351
788281
941344

7
3738295

8
12863848
98916599

10
6682721844
9786273397

58

2
14
19
25
43
44
47
47
68
71
98

3
195
821
912

4
5799
6133
6244
6399
7236
8633

5
26517
49584
96445

6
321365
481933
698946

7
1279934
3224977

8
73116522
96876644
99358286

10
2644692646

59

2
16
17
23
24
37
71
73
82
89

3
138
153
258
274
298
332
571
633
797

4
2169
3157
4738
7363

5
15572
23181
23579
38249
57362
77163
81148
93829

6
425324

7
1628433
1769311
2548378

8
54232194
61822316

60

2
33
36
37
46
55
72
74

3
297
348
453
537
569
583
664
779
815

4
2473
3557
3567
5444

5
24798
52358
83288

6
362365
664398

7
4994684
6924554
8272436
8553379

9
737895349

10
3426794685
7398537546

61

2
21
27
38
39
46
53
54
65
67
69
96

3
195
199
287
364
424
626
687
822
957

4
4918
6627
7112
8949
9116
9576
9969

5
12923
17657
21132
39516
46664
92962

6
143726
149135

7
9573225

8
78634445

9
258365391

62

2
37
42
76
96
98
99

3
243
249
281
319
371
499
588
838

4
1999
4157
4624

5
38266
38479
57119
83247
87579

6
273198
494138
588392
728983

7
3182399

8
91767385

9
149156419
751479696

10
3247722485

63

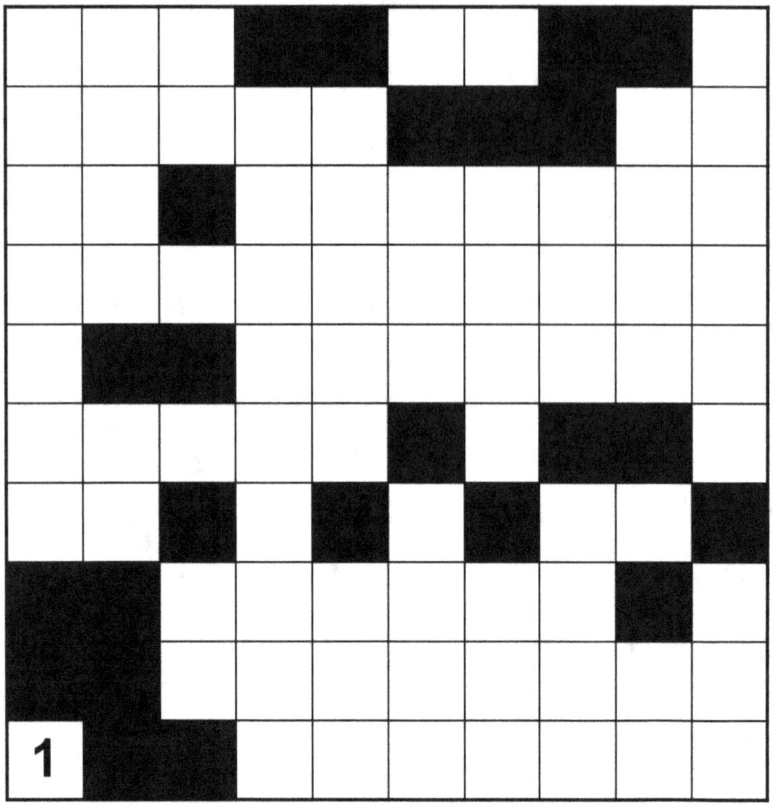

2
25
31
35
41
46
51
68
84
89

3
319
342
558
674
824
825

4
3193
3979
4188
4321
4519

5
71928
83818
91567

6
823359
962549

7
1259494
1918914
3968584
9183652

8
44125752

9
698113241

10
8838921715

64

2
11
14
18
38
39
65
66
83
95
99

3
121
719
763
816
847
949
962

4
1112
3137
4834
5446
7596
7656

5
29573
45762
46693
49135
56188
63835

6
332292
765173
884638

7
4998119

9
878577112

10
6685589497

65

2
48
56
57
58
58
61
65
79
81
83
88
93
96
98

3
247
397
579
865

4
1359
2118
4442
5668
6644
6824
6916
8283

5
15593
72812
87798
91454

6
645168
712374
951164

7
9656375

10
3569447564
5466862746

66

2
22
26
27
36
39
43
47
49
63
71
82
86

3
398
427
446
525
652
993

4
1496
3623
5624
5995
6243
6427
7624
9452

5
25331
71862

6
481933
746779
869773

7
4973866
4994684

8
64469264

10
1458465739
6762443481

67

2
21
22
23
25
33
39
47
58
68
69
76
82
99

3
126
146
166
328
551
576
844
847
879
949

4
9351

5
27375
37191
38327
61669
65541
82692

6
119476
353811

8
63133269

9
483213683
493217792

10
2766638996

68

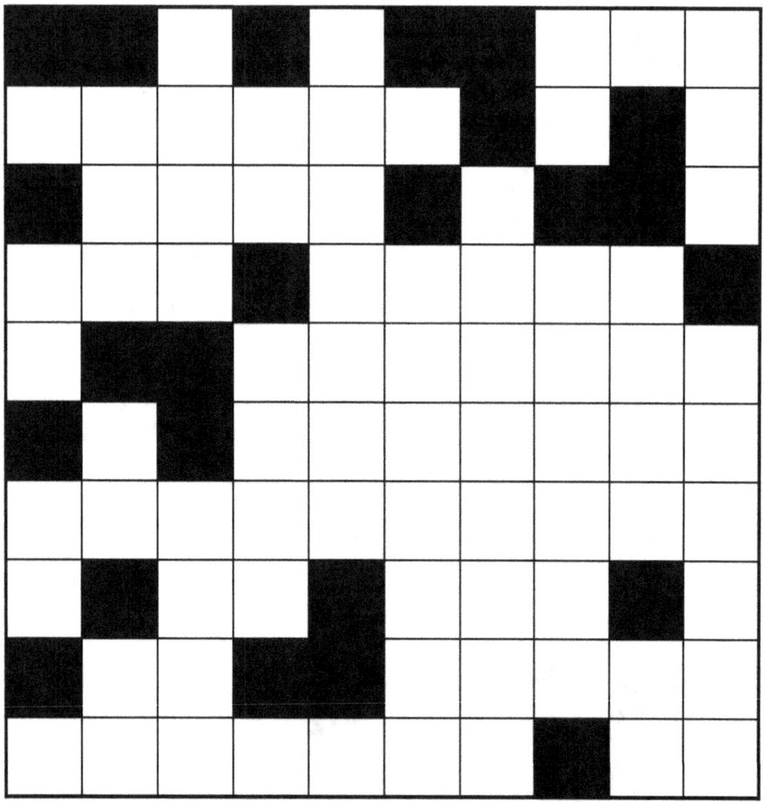

2
26
33
38
43
44
48
66
79
85
99

3
332
473
823
842
981

4
2913
4191
4318
7515
9387

5
32627
81227

6
227212
489743
635276

7
2684988
3184713
4264256
8413216
9471984

8
66443814

10
9391643255

69

2
22
24
27
33
33
39
39
47
51
51
56
69
79
94
99
99

3
369
446
594
849
921
922

4
1142
3111
3146
4693
4962
6252
6522

5
76315
92471

6
161535
244482
415245
514924

7
9562378

9
613232635

10
6322239125

70

2
35
44
48
48
62
86
89
94

3
249
469
469
525
651
665
726
829
911
943

4
1196
1287
2212
6862
7188
7436

5
17998
18665
39542
46195
72541
75542
95387

6
179211
399491
894129

8
59127193

10
5779129476

71

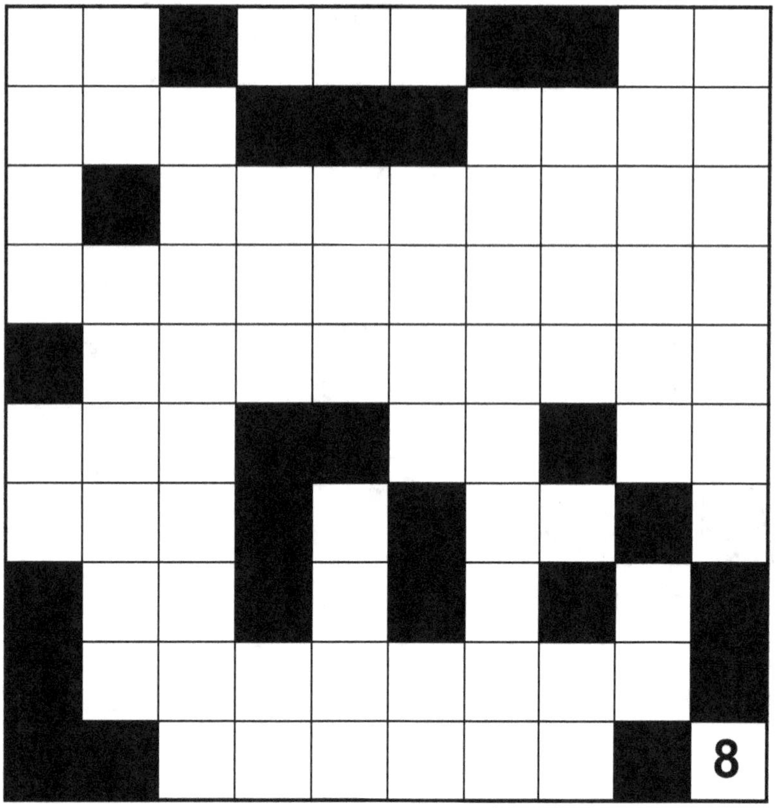

2
12
16
29
31
38
41
52
57
74
77
86
93

3
241
343
519
522
699
916

4
1115
2999
5883
7337
8188

6
482642
542457
615668

7
1358991

8
59524125
78311932

9
351921786
496991849
541138796

10
7511191868

72

2
17
31
37
48
84
91
97

3
267
362
399
816
828

4
5696
7718

5
47912
71227
84497

6
196844
427918
478872
743818
825677
896893

7
8788179

8
68717281

9
733914549

10
2748214999
4313627873

73

2
32
44
46
51
53
71
82
83

3
197
259
364
394
432
485
678
723
778
786

4
1869
3438
3742
4873
5189
6168
7368
7656
7665
7988

5
19483
66314

8
25328442
26863833
52375547

10
1592133611
2439671679

74

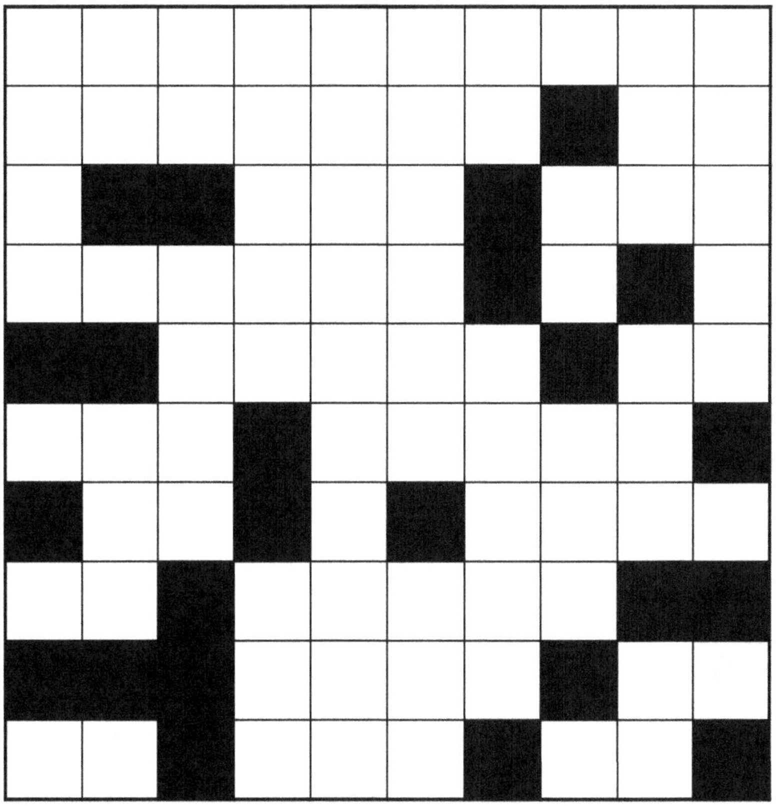

2
34
36
39
39
61
72
76
78
85
88
92
96

3
137
345
372
478
555
581
727
782
795
994

4
2725
4482
7358
8121

5
43271
46586
49964
54772
55338
95569

6
615565
844655

7
3885612

10
3655957413
7879367794

75

2
13
16
16
18
19
22
24
26
32
32
37
42
62
66
77
78
82

3
173
335
357
432
475
711
736

4
3893
9111
9856

5
61948
63699
81796

6
363694
693137

7
3966167

8
94913282

9
258638337
911947639

10
6318129478

76

2
12
13
14
44
52
52
69
79
84
97

3
245
273
437
777
977

4
3322

5
13367
16463
47871
58929
59784
79934
83732

6
962415

7
1863373

8
35274873
49341498

9
672429588

10
4141272436
5479798571

77

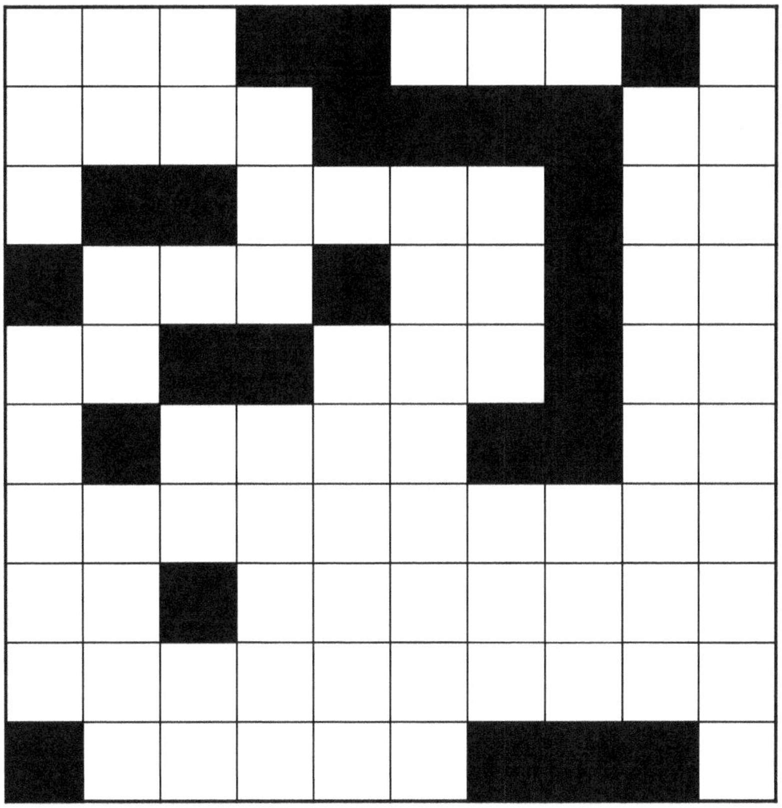

2
28
33
37
39
42
43
53
54
55
56
58
66
71

3
468
482
484
678
761
824
847
919
999

4
1397
2214
4521
6779

5
54353
54794
75437

6
925523

7
7546855

8
33552952
73113447

10
3134537496
3959241423
4738486536

78

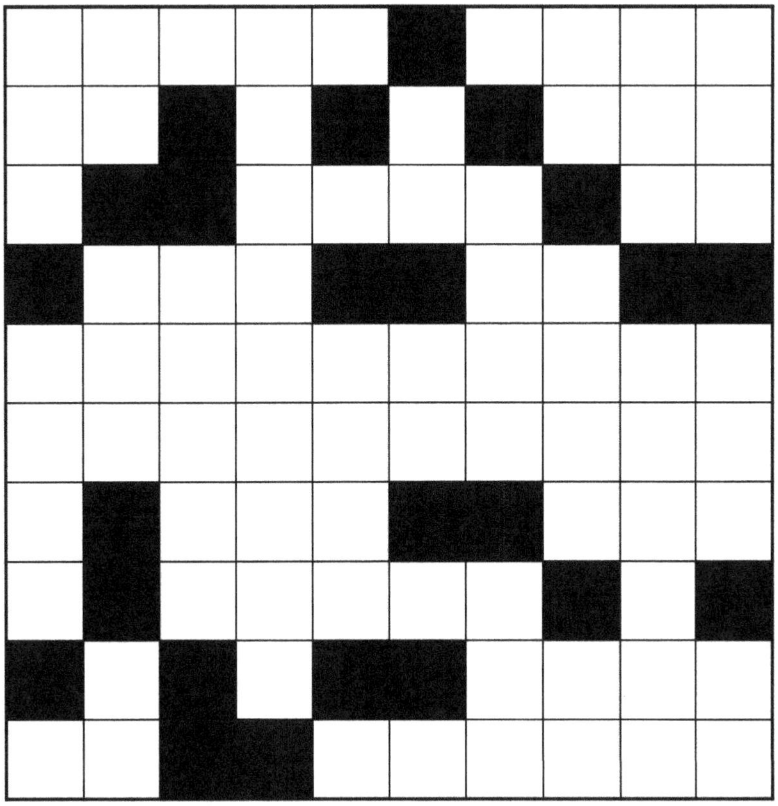

2
11
22
22
25
32
33
35
59
64
72
78

3
129
143
196
296
456
624
763
864
927
964

4
1491
1795
2267
2391
2441
4136
5771

5
12689
22142
24786

6
114231
979393

9
811755542

10
1415245479
4625269492

79

2
13
78
94
98

3
114
216
377
385
513
516
551
563
734
799
919
933
987

4
2993
5313
6444
7329
8655
9361

5
14482
98979

6
871681

8
72343538
76154377

9
453819634

10
2373547615
3531599525
8269863554

80

2
27
28
37
47
48
49
62
64
71
74
76
87
87
95

3
175
258
399
563
661
687
689
872
878
974
984

4
9353

5
38937
44753
67851
81213

6
443281
554772
952762
982338

7
6478553

10
4655484996
6372188271

81

2
14
54
69
76
93

3
166
254
277
357
415
623

4
2462
2627
3974
4311
4469
9562

5
14444
32251
34461

6
172592
392212
469423
491339
682199
694921

7
3273369
7633834
7956929

9
957711295

82

2
26
36
37
53
54
58
88
95

3
159
333
873

4
2118
3247
5553
9282
9727
9953

5
53239
99296

6
314632

7
8433513
8715475
9137792

8
21448378
24765141
68361973
93993539

9
811455482

10
9734734783

83

2
16
24
64
76
78
81
97

3
249
462
477
478
539
766
914
923
952

4
7825
8665

5
51173
78568
81549
87567

6
175975
415989
469438
513915
723176
938379

7
8839232

8
12655493
66745695

9
416517954

84

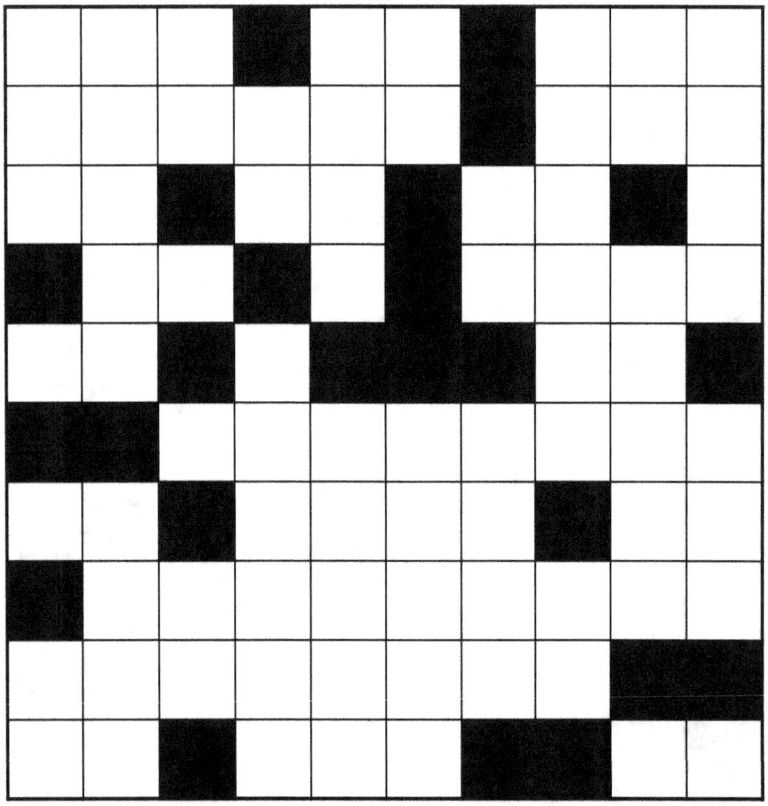

2
11
12
15
18
18
24
32
33
35
38
43
54
58
58
59
63
84
95
99

3
263
435
473
482
558
951

4
4538
4586
8186
8296
8466
9684

5
21116
64818
73419
88753

6
158762
335652
541483

8
65289389
93261543

9
517178381

85

2
11
17
26
54
69
86
91

3
121
411
512
514
781
854
962

4
1194
2875
6935
9581

5
25682
74937
87849

6
184614
213219
274387
455899
553918
588335

7
5329329

10
4126752111
8193611318
8769941343

86

2
39
45
58
72
74
89

3
138
195
362
417
725
982

4
2918
3838
4491
9249
9624

5
44987
71969
91316

6
254788
724312
733914

7
4792248

8
71631438
98989789

10
6487987799
6871729122
8657122869

87

2
23
41
45
47
51
53
82
89
98

3
178
271
355
472
472
772
781
815
982
987

4
1321
4727
6268
7944
8392

5
15879
32471
49161
57973
92449
92493

6
487788
749867
812951
889735

7
8541494

9
658726198

88

2
11
13
16
17
28
33
37
51
53
54
56
56
64
65
66
93
97
99

3
128
493
653
733
837
875
964

4
2919
6271

5
26546
29626
33734
62493
64619

6
445381
569484
992471

7
2951684
8949214

10
6466824639
6786344459

89

2
36
41
64
73
82
88

3
368
384
462
477
479
559
572
643
683
951
952

4
2613
2695
3634
5665
5796
6232

5
14317
24198
46543
47224
86658
87587
99736

6
998975

7
2166841
5588973

8
51625357

10
6576627395

90

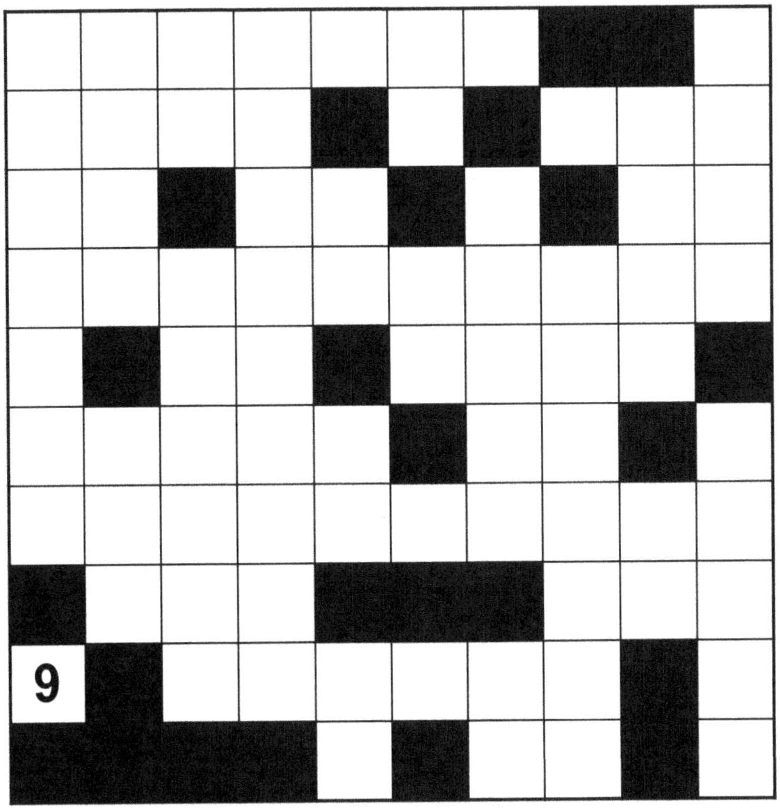

2
12
19
21
22
23
29
31
38
44
52
68
71
75
81

3
311
371
498
513

4
1849
2849
3858
5813
9749

5
26165
55193
59815

6
326356
921173

7
1497362
8283123
8541854

9
331999812

10
1999179148
4118835736

91

2
11
35
61
67
87
98

3
297
469
477
577
624
671

4
1495
4355
4624
9634
9879

5
13837
15995
45481

7
2967878
3468353
5774924
6543984

8
63266987
79438959
83939364

9
571389262

10
2373547615

92

2
53
54
58
59
67
82
83
92
98

3
115
134
445
539
598
685
761
971

4
2365
7792
9823

5
35254
36275
55422
73293

6
365119
396537
591923
599243
691854

7
4198469
4521283

9
754374933

10
2414227543

93

2
11
17
24
26
31
51
56
62
65
87
92

3
136
145
321
491
518
654

4
1142
2431
6634
9277

5
32173
49143
52695
55713
94679

6
175416
214152
322239
721363

7
3246331
5276315

10
4922517113
9292442163

94

2
24
26
28
34
37
63
79
87

3
128
378
385
478
813
845
856

4
1369
1687
3738
4611
4683
6542
8814

5
14832
39876
43687
49622
86483

6
269321
539671
887864

8
67665194

9
674993126

10
4237623834

95

2
13
25
32
43
57
59
61
81

3
133
188
191
356
432
436
478
574
733
812
824
872

4
2596
3198

5
19241
57765
72424
83925

6
418481
572847
629233

7
2628542
5736371

8
13332312
15549641

10
3489743334

96

2
16
17
42
44
54
57
73
78
84

3
168
227
348
736

4
1343
2564
4133
4387
8223
8366
9743

5
13323
13783
67258
71558

6
741251

7
4111257

8
15132526
81362629

9
145572167

10
4831336773
4874494564

97

2
14
16
27
29
32
32
39
64
67
68
82
94
99
99

3
278
379
513
637
642
658
689
736
757
797

4
3279
4969
5238
6362
7146
8362

5
44787
45417
69876
95424
97673

6
363497
572246
589983
638579

10
4422195234

98

2
16
41
49
52
63
79
84
91

3
252
253
336
414
427
493
519
534
546
613
648
768

4
3743
5157
5796
6621
6656
6943
8776

5
15839
29882
88896

6
136964

7
2134712
6168874
6548726

8
56255788

10
7254177277

99

2
21
24
29
34
52
88
91

3
119
131
226
399
436
468
677
789
974

4
3182
3198
5641
7284
8734
9928
9991

5
71656
78938

6
498492

7
1962147
2579373
8384418

8
35657115
49884935
73472626
81332785

100

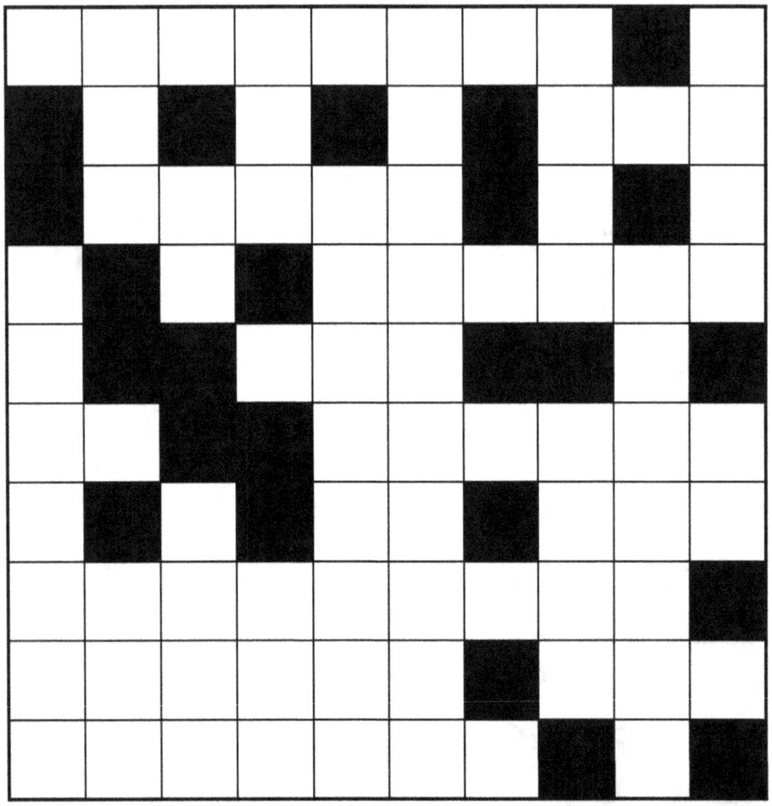

2
26
31
69
89

3
227
457
524
553
582
632
838
991

4
2761
5252
7779
7998

5
36459

6
511723
836528
837219

7
1929131
6224589
9217155

8
55956815
58858621

9
567466891

10
8793219685

101

2
12
25
41
43
47
66
68
68
69
69
77
81
83
87
93

3
168
235
262
419
462
466
594
628
672
765
832
852

4
2129
2486

5
12643
32817

6
211487
233269
573947
985952

7
7283875
9311613

10
3493256659
5714184873

102

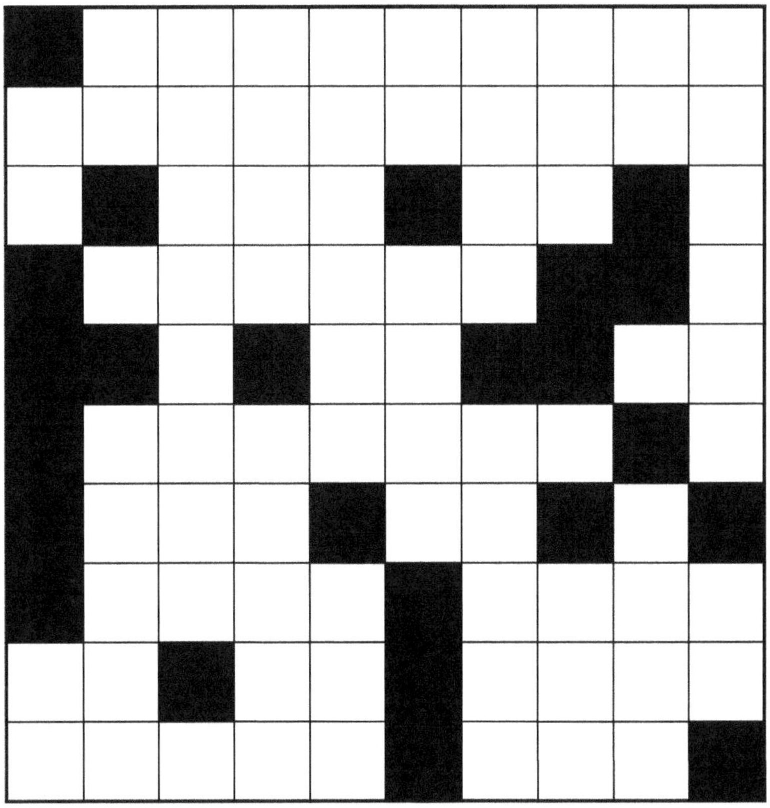

2
23
29
29
39
49
49
58
65
67
67
81
89

3
146
149
495
771
981
987

4
5813
6958
7494
8249
9521
9821
9846

5
59455
79779
81925
99697

6
238392
726654
889656

7
7384197

8
57187384

9
658729122

10
4772238493

103

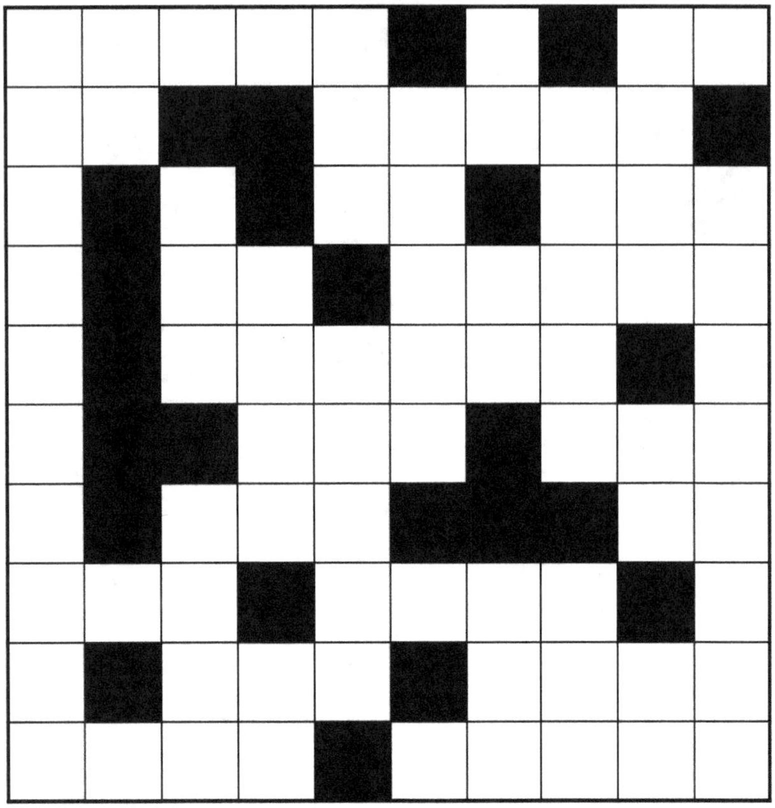

2
14
16
17
24
26
33
45
49
63
72
78

3
341
345
462
511
619
624
632
721
897
925

4
2239
4231
4962
5176
6257
6532

5
12945
22158
24421
31532
34946
91339
94921

6
152454

8
21798112

10
2125496635

104

2
12
36
48
57
57
64
65
76
79

3
143
179
216
288
398
472
479
568
636
713
765

4
2272
3973
5353
8792
9588

5
21587
76282

6
762143

7
2199811
8191461
9959215

8
41151246
72556257
77145687

9
694764122

105

2
16
22
35
59
74
79
82
99

3
161
172
235
382
493
574
584
593
683
724

4
1811
3267
6439
7831
9621

5
22295
28488
33427
72439
79259

6
334191
836813

7
1262436
1932615
6688266

8
87498246

10
8471587523

106

2
15
23
25
31
38
69
78
91
95

3
176
461
463
621
631
688
719
943
956

4
1415
1527
2215
5393
5667
7933
9181

5
39357

6
135114

7
2433457
7863222

8
52164543
99579584

10
1442321397
9353214485

107

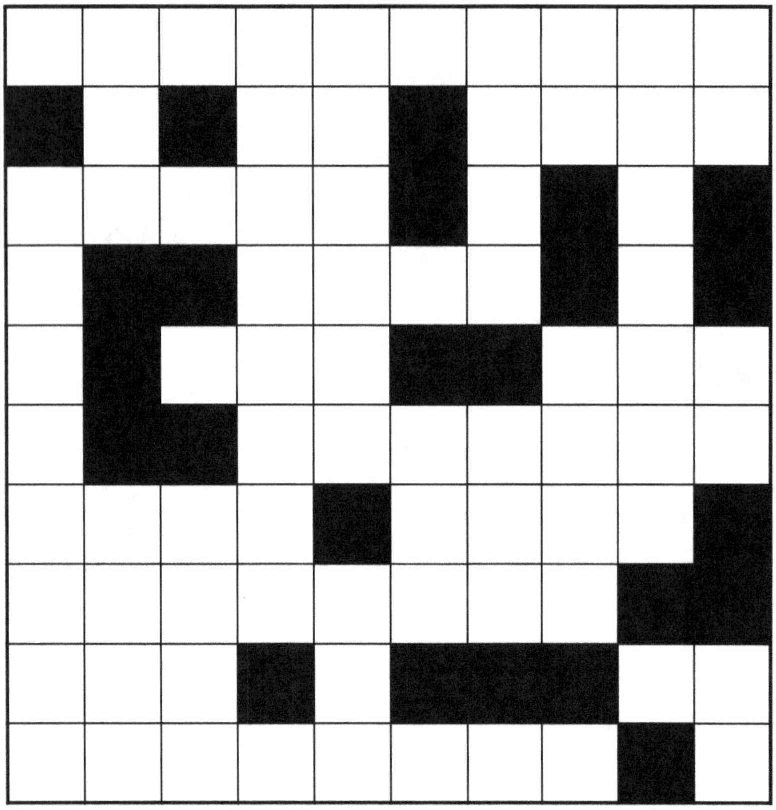

2
47
52
57
65
77
82

3
219
257
316
338
595
676
998

4
1242
2198
2598
4272
4688
6588
7999
9448

5
16364

6
574592

7
5793519
9265117

8
14721192
15673658
28838821
84661927

10
9328559558

108

2
11
16
26
31
67
69
78
88
93

3
189
193
356
883

4
2575
3284
4952
5328
7161

5
12435
15668
19191
19995
29319
66798
91118

6
155692
241185

7
3595141

8
29785471
45542111

10
5416281916
8684869918

109

2
23
27
28
32
43
52
54
73
81
84
84

3
346
613
673

4
1233
1338
2466
2536
3427
4234
4884
5226
7325
7745

5
22541
22747
46768

6
287547
357442

7
3644237
3885365
4884573

9
471628425

10
6416653584

110

2
16
19
35
41
43
49
65
73
83
87

3
221
246
354
367
376
831
955

4
2282
2438
6253
6311
9847

5
23599
57988
85932
97762

6
831136

7
1576994
5287318
7785451

8
25832957
76463537

9
538327475
661669258

111

2
13
27
29
56
66
67
72
77
93

3
131
131
143
163
258
274
383
395
812
831
881
883
966

4
2635
3134
4264
4395

5
62428
88324
92411

6
441848
573637

7
3341916
3426285
3681234

8
95165594

10
8473589743

112

2
16
35
51
67
67
82
86

3
177
251
392
467
469
558
559
622
641
667
767
899
959
999

4
4882
7598

5
28179
47557
65614

6
514925
759768
997996

8
32478234
49394797

9
652797219

10
7579734678
7827354498

113

2
19
43
54
65
73
83
88

3
372
474
543
562
579
633
717
912
935
936
956

4
1894
2596
6525
6786
9484

5
34445
61821
94677

6
266933

7
3437485
4693646

8
14538669
66413543

10
1492413284
8113453719

114

2
17
34
38
54
68
72
78

3
134
136
284
447
476
544
841
987

4
3573
4554
4785
4955
5315
5323
8482

5
11247
25398
76674
84976
92525

6
113439
256132
269321
544527
585136
772512

7
8786462

9
879523168

115

2
21
23
48
57
57
65
67
71
81
81
95

3
166
231
269
332
347
355
356

4
1455
3262
5968
6356
6513
9593
9743
9814

5
32441
62243
77425

6
271358
632739

7
9234939

8
43326568

9
127322538

10
4256331167

116

2
12
36
44
51
52
57
65
79
86
92
94
99

3
136
146
198
527
544
688
864
957
962
998

4
1795
1992
2147
2782
3558
4279
9467
9579

6
364278
427216
779885

7
2855955
2916511
3729925
8219341

10
2465322497

117

2
13
25
26
36
37
39
49
55
56
57
87

3
216
221
254
412
521
773
841

4
1762
1799
2139
2944
4921
6131
6747
8376

5
14867
35564
36715
63177
65612
89745

6
246131
258947

9
182758836
816882232

118

2
36
46
49
53
55
57
79
87

3
211
416
544
554
591
755
849

4
3841
4532
4943
5554
6855
8419
9337

5
44857
51213
56153
56929
66476
73653

7
2157371
5886276

9
796346521

10
5237554771
8553159252

119

2
13
18
27
38
52
93

3
137
282
463
619
681
728
777
888

4
4577
5799
6921
7339
7368
7625
9787

5
15761
46822
86277
88786

6
119663
389272

7
1178877

8
62289353

10
4467761439
6616798583

120

2
11
14
17
28
31
32
35
43
45
48
52
54
73
78
79

3
373
543
836
876
938

4
3445
4771
5315
9286
9873
9952

5
11789
37934
51871
54829
79137

6
173251
785545

7
3473468
6553121

10
4918328971
5545323811

121

2
25
26
33
34
37
38
41
52
54
56
58
63
67

3
235
388
566
612
623
724
735
736
882

4
1435
2773
3275
4732
4766

5
47745
47816
55242

6
213265

8
25364566

9
145652333

122

2
45
57
57
66
72

3
321
326
434
444
525
666

4
5556
5658

5
16642
36143
36865

6
248453
622728

7
3623244
4551362
4566352
5276586
6236353

123

2
12
25
43
51
54
55
65
66
76
88

3
124
218
226
242
375
585
614
687
846
881

4
1167
4577
6818
8261

5
51327

6
318624

7
5788255
6546452
7265852

9
234133566

124

2
18
22
25
32
37
41
43
46
46
53
61
62
63
83

3
173
338
713
735
736

4
2744
3753
7127

5
34786

6
221821
253157
533254
736323
837871
882443

7
3323181

125

2
15
25
26
51
63
81

3
155
163
216
224
277
324
734

4
3781
4556
5735
6271
7631
8741

5
23237
24413
44564

7
5263565
5772232
7212315

9
362615132

126

2
11
36
38
44
45
47
56
57
57
73
76
78
83
87

3
825

4
3574
5667
6114
7551
8474

5
14676
25836
61861
87538

6
221576
668351

7
7762631

8
78545264

9
436851553

127

2
23
26
31
42
45
51
81
81
82

3
137
212
374
412
414
443
452
644
662
762

4
3661
5826
7313
8415
8544

5
43365
58124
74382

7
7442858

9
386536536

128

2
12
32
43
44
45
54
55
61
63
88

3
164
182
235
335
524
548
572
632
641
744
842

4
1316
1734
1764
2234
5151
6547
7857

5
35662
65786
66666

9
613525348

129

2
13
24
32
37
41
43
46
74
77
78

3
117
145
223
333
532
562
615
728
752

4
1251
5673
5874
6365
6634

5
35256
62117

6
211315
847154

7
7346362

9
252535657

130

2
16
22
23
34
38
54
57
86
87

3
253
371
456
476
573
886

4
1714
2235
4176
4427
5635
6135
6646
6856
8664

5
42317
61324

6
522685

7
8361431

8
47654772

131

2
13
32
34
43
47
56
66
71

3
183
244
331
361
436
554
627
766

4
2722
5343
6165

5
16327
24332
73463

6
257413
455721

7
1663764
3341236
3478743

8
51325263

132

2
12
17
24
42
45
45
46
52
56
57
61
75

3
282
341
517
538
585
625
661
746

4
5411
5826
6738
8625

5
13878
36254
78881

6
485826
848183

7
3584425
4813482

133

2
14
27
54
65
66
77
82
84
85
88

3
186
224
248
265
525
652
686
738
761

4
1437
2215
3444
5122
5124
5846
6654

5
21278

6
582862

7
1352431

8
46136461

9
763814813

134

2
12
16
21
22
25
31
51
72
82
87

3
213
328
352
524
582
662
851
857

4
1882
3686
4432
5767
6637

5
46252
74824

6
171388
222387
265243
681653

9
461144617

135

2
35
37
63
66
76
81
82
88

3
327
542
557
686
837
873

4
1118
1557
4721
4744
4846
5411
6353
8252
8881

5
83713

6
182472
772168

7
2125878

8
73542772

136

2
21
61
75
76
82
83
87
87

3
263
363
363
452
467
475
561
632
662
834
835
835

4
1177
7177

5
53472
54615

6
612775

8
26318618

9
138747654
662712135

137

2
12
21
22
24
25
32
45
52
54
62
63
75
77
83

3
141
151
213
236
618
747
785

4
1146
1512
1721

5
57641

6
325253
454122

7
1827526
3377421
4247633

9
243137734

138

2
23
27
38
41
42
53
81
83
83

3
216
354

4
2363
3436

5
22588
38215
44152
51481
52648
88684

6
284824

7
6435744

8
14126443

9
473574488
817444342

139

2
27
38
46
47
51
54
57
58
63
74
82

3
162
167
215
267
368
413
447
575
778
786

4
6483
6562
6824
8432

5
62687
64526
72671
77578

6
616668
836143

7
6713368

140

2
13
18
37
38
43
45
55
58
68
71
75
78
82
84

3
138
155
165
237
344
471
575
576
618

4
8326

5
15435
16177
21315
46528
68118
77228

6
168811

9
371111767

141

2
11
13
16
17
21
31
35
41
42
61
65
73

3
153
251
275
427
446
461
772

4
1111
1557
7616

5
63557
63617
75144

7
6747751

142

2
15
24
25
26
42
46
51
56
61

3
322
342
634

4
4562
6325

5
13621
31633
33115
33641

6
252664
333312

7
3522433

143

2
21
24
31
32
41
53
64
66
71
76

3
124
162
413
761

4
1413
2154
4124
4357
7123

6
454122

8
36634625
57722315

144

2
13
15
17
21
25
35
46
46
54
56
57
76
77
77

3
121
145
264
351
541
637
732
757

4
2223
2566
4624
7111

5
22514
54661

SOLUTIONS

1

3	1	8	1	6	8		8	2	2
	3	1	6	8	7	4			1
2		5	1		2	4	6	1	3
1	7	3		7	7	3	9	3	9
	1	5		1	3		2	5	4
	8	3		7	6	5	7	1	4
8	5				7	2		1	
6	7	3		7	8	9	7		
4	5	5		5	6	1	2	3	9
2		2		5	5	6		4	9

2

		8	8	7	1	9	4		2
3	4	4		6	9	9			4
4	5	1	6				2	5	2
3	6		8	6	2	1	1	1	2
8	7	9	5	9	7	1	1	2	9
5		1	6	3	3	1	4	2	1
3	5	2	2			9	6		2
6	8	2		7	1		8		9
		4	2		2		1		4
		3	7	2	6	7	7	9	9

3

	9	6	8	8	2	2	3		1
	6	8	7	4	1	1	5	1	
2		4	4	1	3	7		7	
3	5	7	3			6	2	7	1
	5	1			3	2	5	2	
6	3	5	6	5	7	1	4	5	5
7	2	1	6	7	3	4	8	9	7
		4	3	3	3	3	1		2
3	6		2		2			4	3
3	2	6	2		7	7			

4

1	8	8	7	1	9	4	8	3	4
3		6	6	9	3	4		5	7
6	2	5	8	3	6			5	3
9	1	1	1	2	8	7	8	4	
7		7			9	1		2	9
	4	7		6	3	9	9	4	9
1	3	5		8		2	8	6	
	2	6		5	1	7	1	8	8
4	8				1	9		4	
3	7	2		6	5	4			6

5

4	5	9	5	7		6	9	9	
4		7	3	1	1	3		5	8
3		1		2	6	5	2	2	
8		2	3	4	3			8	1
	1	9	1	5	6				
	8	4	6		6	9	9	1	8
4	6	5	2	8	9	3	8	9	2
2	8	1	6	6	1		3	5	1
	4	1	5		8	3	8	1	
9	3		9		4	1		3	4

6

1	5		8	6	4		1		1
5	9	1		4	5		9	2	9
7	3		6	6			2	8	
	2	8	9	5		9	2	1	4
4	8	2	7	5		5	7	1	3
		7	5		6	1	1	6	6
3	6	7	8	7		3	5	5	
	4		5	9	2	3	8	1	1
	4	5	5	4	8	2		9	7
3	4	7		3			4	7	6

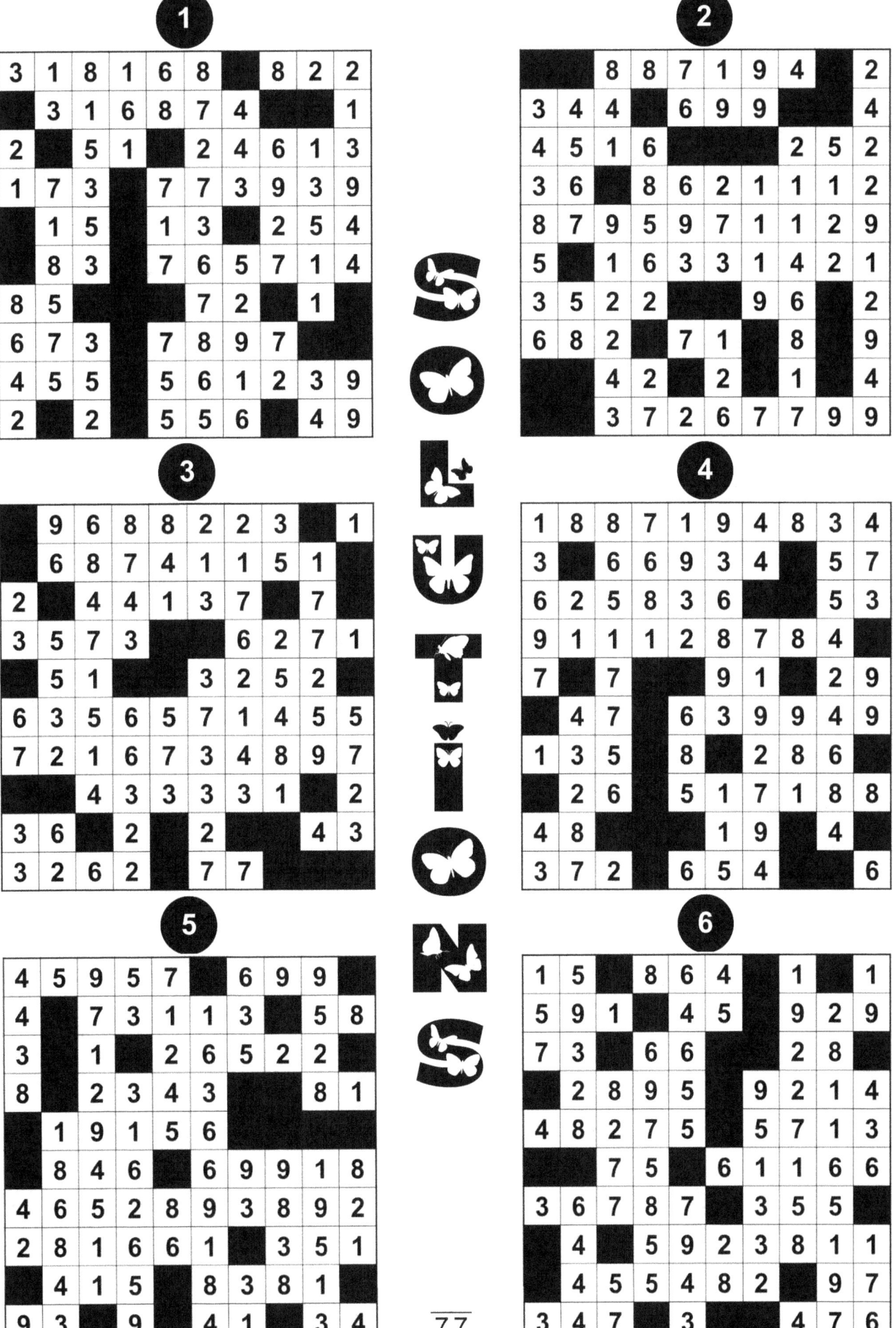

SOLUTIONS

7

9		3		3		7	7	9	4
1	6	8		5	6		9		2
9			6		5			5	5
5	3	2	3	8	4	1			4
5		5	4	8	4		9		7
	6	4	7		6	4	7	8	5
5				3	1	5	9	2	5
2	5	2	3	8	5	5	4	7	7
2	5	1		2	1	3	3	6	1
1		3	4	3	9	2	6	9	

8

		3	3	4	3		7		9
	8	5	2	3		6	2		3
5		5	2	4	9	9	4	6	8
		4	7	4	8	2	6		2
4	3	6		3	7	4		6	7
6		8	2				5	6	6
	8	3	2	7	8	4	5	9	1
8	5	4	4	4	5	2	3	5	7
			3	3	6	4	4	3	7
3	9	8		5	3			7	5

9

	4	3	3	3		4	1	2	3
6		2	2	5	3	3	2	6	2
8		7	4			2	6		4
2	5	7	4		4	1		1	6
	8	1	6	9	5	1		4	6
4	3	2	5		5	9		6	8
9	8	1			4				4
8				8	1	5		2	7
1	6	7	2	3	1	7	6	6	6
7		4	3	4	9	5	2	5	

10

2	7	4		7	4	5		9	
5	7		6	9	8	3	7	2	1
9	2	5				8	3	9	2
		6	5	1	2	7	2	3	4
2		8		9	9	9	1	5	
6		7	4	6	6	9	9		
1	8	4	6	5	2		8		8
3	8	9	2	2	8	1	5		
5	1	3			5	1	4		9
5	8	3	8	1		9	3		9

11

5	5	4		5	3		1	3	8
4		1	4	5	5	4	8	4	9
	6	6	4			7	6		4
	6	8	5	5	3		1	5	9
		2		5	2	5	2		3
7	5	5		4		7		7	1
5	9	2	1			3	3	6	1
1	3	4		3		8	2	5	9
3	2	9	6	7	8	7	8	6	4
6	2	4			4	7			7

12

	8	7	1	7	2	8	1	2	
2	4	7	9	1	2		3		7
	7	3	3		9	1			4
	5	4	9	8	8	8	9		6
	7	9	3	7			7	1	8
9	7	2	8	4	3	9	7	2	9
8	1	3	9		9			7	
7	2	4	6		2	5	2	6	9
2		9	9			7	2	1	5
2	4	5			4	6	9		1

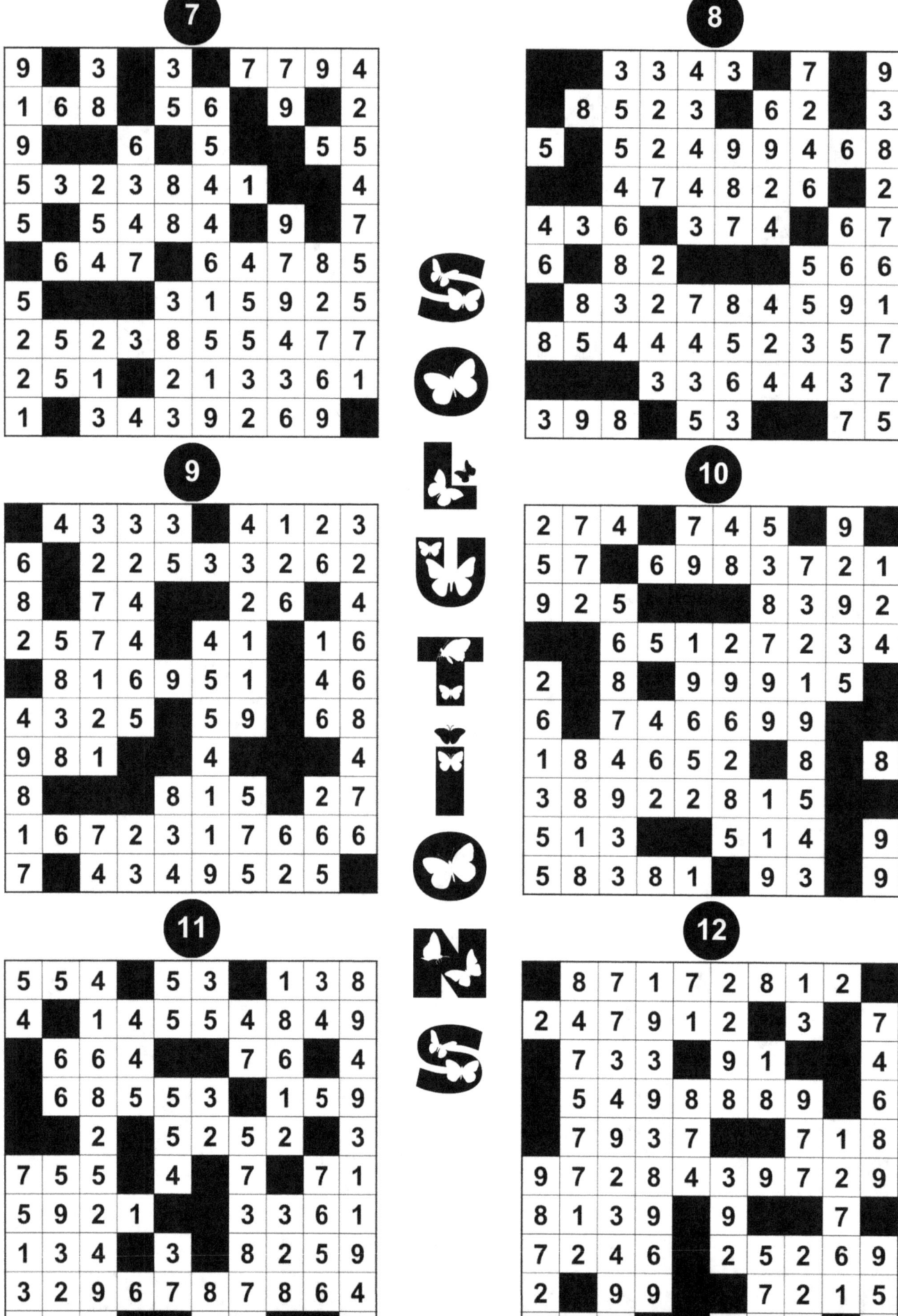

SOLUTIONS

13

6		1		5	6		5	7	8
2	5	6	7	9			8	4	7
	1	4	8		7	5	1	3	
3	3	4		1	9	1	6	9	9
2	3	3		2	6	9	8	5	2
2	6		2	2		5	7	1	
			4	1	8	4	8	7	3
9	3			1	1		6	1	
3	2	5	5	9	4	8			7
6	8	2	4		8	6		8	3

14

	7	3	7	1	3	1	1		
	9	3	3		7	4		6	7
	6		8	2			2	6	6
	8	3	8	5		7	4	5	8
	1	8	4		4	4	3	4	
2	9	2	7	3	9	3	3	4	2
7	3	8	5	5	3	6	5	3	5
7	4	4	2	9		4		8	1
		4	1	4	1	2	6	4	
	4	3		6	5			9	4

15

2	6	1	3	6	3	6			3
4	8	6	6	5	8	8	2		
	6	1	3	2	4		4		7
2	2	4			5	4	9	3	6
1			4	3	1	7		8	
9	8	9	7	5	7	3	5	5	8
8	9	7	3	5	4	1	7	8	
	2	7	8		1	3	7	9	7
4			9	4			4	9	5
9	6	7		2	7				9

16

	1	4		1			8	4	8
7	3	9	3	1	1		6	1	3
2	5	5		9	4	8	6	6	8
2		4	8	6		7	3	2	7
	7	4		7			8	1	8
4	6	6	6	6	1	3	4	9	2
2		5	6	6		5	9	3	1
8	4	5		8				4	5
8	7			4	6	2		2	
6	8	1	6		9		6	1	4

17

1		7	7	2	7	8		1	9
7	9		4		4	9	1	4	8
3	8		3	7	2	7	9	7	
2	8	3	9	2	3	2		4	7
	1	2	2		4	8	7		3
3	9	1	4	6		4	1		9
9		9	9		7	8		9	3
	8		8	1	9	9			8
3	8	4	4		1	8		2	1
8	2		3	9	9			7	7

18

4	7	6	4	1	2	2			2
	3	9	8	9		5	8	8	1
2	2	1	5	8	7	4		1	1
5	1	2	4	6	9	3	9	7	3
	7	6		2	8		2	9	
	9			5	9	2	1	4	4
8	3	7		6	5	7		1	
3	7	5		7		2	1		
6	6	3		6	7	9		7	3
5		5		5	6		1	2	3

SOLUTIONS

19

8	■	4	■	9	3	■	■	5	3
■	2	1	4	4	8	5	7	■	8
■	7	9	3	■	3	7	■	7	■
■	9	4	■	1	■	6	9	5	6
■	1	2	9	6	5	■	5	5	5
3	2	3	8	4	■	1	4	5	■
■	5	4	8	■	4	9	7	6	4
8	6	4	7	8	5	5	3	1	6
9	3	5	2	5	■	2	3	8	6
■	■	5	4	7	7	2	■	5	■

20

5	9	7	■	5	8	1	7	■	7
4	4	9	■	2	4	9	3	■	■
8	4	7	9	7	6	■	5	■	8
8	3	9	2	■	3	■	2	4	7
7	2	2	4	8	5	1	4	■	■
■	9	■	1	5	■	■	6	4	1
9	9	9	1	■	7	6	7	3	8
5	8	9	■	■	9	■	8	■	3
8	4	2	1	■	8	3	1	8	2
3	■	9	■	■	9	7	5	1	4

21

1	9	■	5	4	■	4	4	■	5
2	3	5	8	3	3	6	■	■	4
5	3	■	■	7	3	9	8	5	3
■	■	7	5	4	■	6	8	5	5
3	3	■	7	9	2	7	1	7	2
■	■	5	7	5	4	3	7	6	1
■	7	9	1	■	9	2	5	■	■
6	9	9	2	6	3	■	8	■	2
7	8	■	3	4	2	8	■	■	7
■	7	7	8	5	4	5	1	■	6

22

8	8	■	■	3	9	3	■	1	■
2	6	2	4	2	6	■	5	■	9
4	8	7	6	■	8	2	5	■	■
8	6	■	8	3	2	7	■	7	■
4	8	8	1	8	■	5	6	6	6
7	2	■	■	3	4	9	3	3	5
6	■	6	5	■	■	9	3	2	8
5	5	9	5	6	8	7	4	■	7
2	■	■	2	7	8	■	1	6	1
6	1	■	4	■	9	4	6	5	8

23

■	7	7	3	4	■	6	2	6	2
■	6	9	5	9	2	1	■	4	2
6	3	5	6	5	■	7	1	3	■
■	5	5	7	■	2	1	6	6	3
4	7	9	7	3	■	3	■	3	2
3	1	■	2	3	■	6	2	1	■
4	2	3	1	6	2	7	■	7	4
■	■	2	■	5	4	2	4	6	3
3	■	1	1	6	7	9	■	■	5
■	9	5	9	■	3	5	■	3	■

24

3	9	1	1	1	2	8	■	7	8
5	7	7	■	1	1	2	9	5	■
■	■	7	6	3	9	9	4	9	1
3	5	9	2	9	6	■	2	6	■
6	■	2	7	1	8	9	4	9	2
1	4	3	7	■	2	■	6	5	4
6	9	■	■	3	6	4	6	1	■
■	9	5	■	6	2	6	7	■	8
■	■	6	■	■	■	3	■	4	4
4	5	9	1	■	2	■	8	1	1

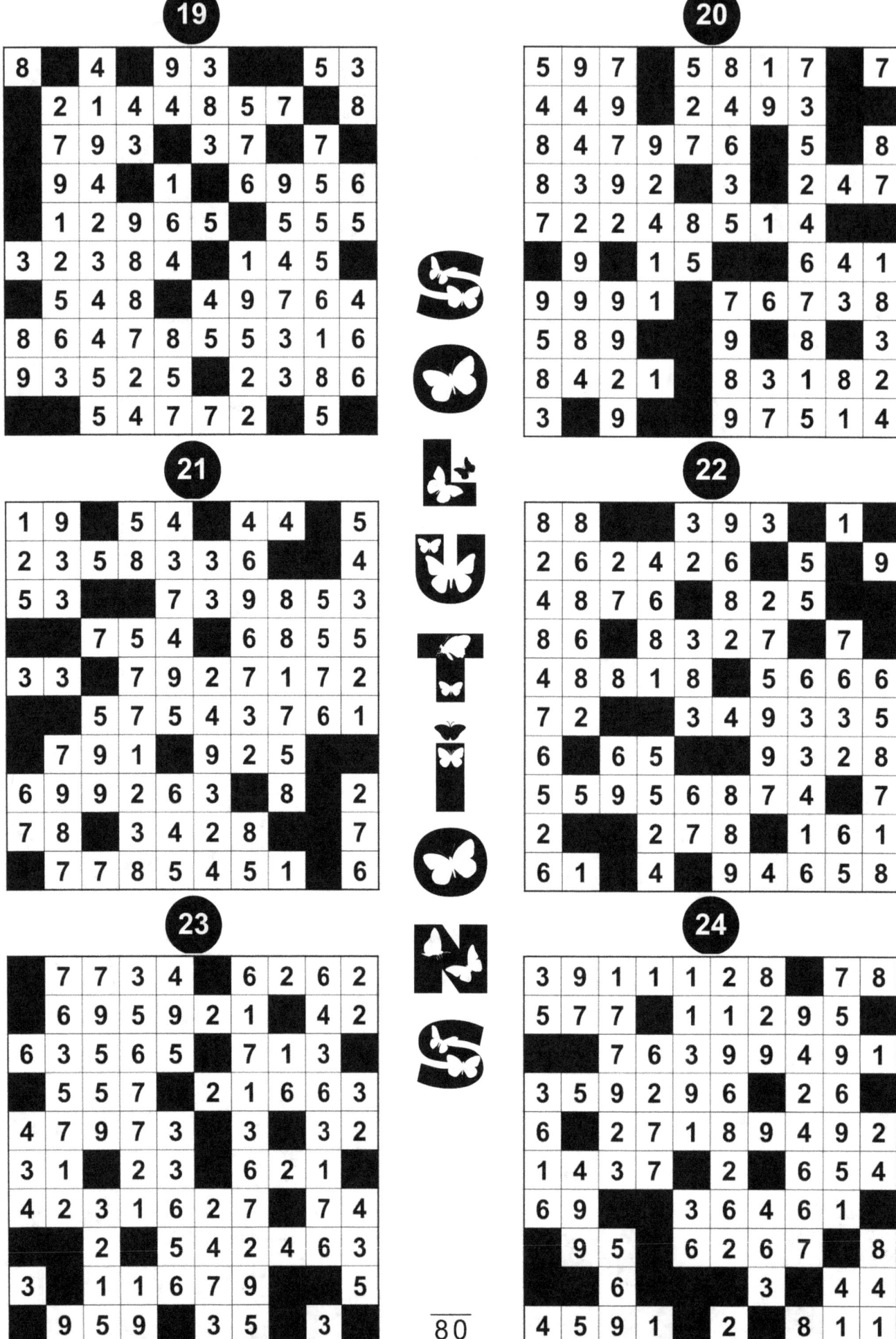

SOLUTIONS

25

	5		9		9	5		2	5
2	3		7	3	5	4	7	7	2
5			1	8	8		1	3	6
1	8	9	4	3	9	9		5	9
1	2	1	6	8	8	7	8	3	4
6	2		4		4	7	7	8	6
2	4	3	9	6	7				1
	6	7			9	9	6		8
4	4	8	1	3		8	2		8
3		6	1		6			8	7

26

			3	3		2	3		7
8	1		6	8	8	2			2
3	1	6	8	7	4			1	2
5	1	2	4	4		1	3	8	8
3	5	7	3	6	3	7		1	5
1	3	2	5		2		6		
3	5	6	5	7		1	4		5
5	7	2	1	6	7	3	4	8	9
		7	4	3			3	3	4
1		2	4	6	2	2	5		3

27

	7	2	8	9	4		2	2	1
	4	3	7	2	6				
7	7	9		9	3	7	7	8	
1	9	5	8				2	6	
9	8	6	3		4	4	4	5	2
1	2	8		1	1	4	4		5
3	8	1	9		6	3	3	7	3
4		6	8		3		5	3	9
5	9	9	5	1	4		2	3	7
	3		5	4	7	6	1	5	

28

	6	7	5		6	7	1	6	5
8				7	7	6	1		6
2	2	8	6	9	8	6		8	1
7	7	5	5	1	2	4	9	4	9
4	7	9	7		7	6	9		
	8		3		1	2	3	3	5
8		8		3		3			5
9		5	1	4		1		2	5
7	5	1	9	1	9	1	8		6
8	4	8	6	9	9	1		8	

29

3	7			6	2	2		8	
9		3	5	3	8	7	8	7	8
6		7		8	2		6	6	9
7		8	6	2	7	3	3	9	7
1			8	7	9		2		8
8		6	6	2	3	5	1	4	1
	5	8	1	8		8		7	1
9	4	1		3		4	4	6	9
9		3	4		5	9	6	2	
5	2	3	6	7			6	2	1

30

	8	4		5	7		9		4
6	4	2	6	1			1	6	3
6	3		4	8	4	6	5	8	7
	2			6		1			9
	8	1	4	7	2	9			1
	5	4	9	1	6	1		2	3
1	7		8	9		8	9	4	5
7	3	5		5	8	8	9	7	3
5	4	1		7	8	2	7	8	1
1	7	9	4		4		9	2	4

SOLUTIONS

31

2		5		2			3	6	8
6		2	1	1	1	2	8		7
	8	5	9	7	1	1	2	9	
5	1	6	3	2	1	4	2		1
	3	5	2	2	9	6	2	6	8
2	7		1	8	9		4	2	2
1			4	3	7	2	6	7	
7	9	9	3	6	7	8	1		9
5		8		2	6		9		
8	6	3			4		4	4	5

32

3	7	2	3	6	5				2
4	9	9	5	6	8		4	7	4
8	2	7	2	4	3	6		3	7
	4		6				7	7	9
3	5	6	7		8	3	3	8	8
	5	6			9		1		9
5	4	4	4		5	2	4	5	8
3		3	6			4	5	3	
8	4	9	9	5	3	7	5	4	6
8		5	5	3	3	7	9		

33

3	9	1	1	1	2	6	7	8	
5	7	7	9	1		2	9	4	7
6			3	9	9	4		9	
1	3	2		8				2	6
	6	2	3				6		1
5	1	5	9		4	9	2		
9	4	1	5	2	4	5	4	6	
	9	3	4	4	6	1	9	5	5
2	3		6	8	6		3	2	2
1	2	9			1	2	5	1	1

34

	7	3	1			9	8	2	2
6	1	5	6	5	7	8	1	5	5
7	9	8	4	7	1		4		8
7	5	1		3	3	3	3	1	
			9	1	6			8	8
2	3	3	2	6	9	7	5	2	2
6	1	2	5	6	1	3	1	8	4
7	7	3		9	3	9			1
6		1		3	2	5	5	9	
	3				8			6	6

35

3	6	2	2	4	3	3			
2			6				2	7	7
4	2					5			4
2		4	6	3	3	1		1	6
7	9	5	9	5	9	3	5	3	
	3	2	5	5	8	6	8		9
8	1	4	4		8	8	1	5	1
7			9	6	7	1		3	
1	6	6	6	5	6	4	2	4	9
5	2	5	5	6	4	9	5	1	7

36

2	1	3	6		9	1	1		3
7	6	2	3	8		9	4	5	3
	9		8	8	8			9	6
		7	8	2	7	7	1		8
	8	7		2	7	4	3	9	
7	2	9		7		1	3	9	
9	6	6	2	4	6		2	5	1
6	9	2	9	8			7	1	1
5		2	4	5	4	6		9	9
	4	4	6	1	7		3	6	

SOLUTIONS

37

8	1	3	7	9	7	4	9	4	4
9	5	8	6	7	2			7	9
	8	2	1	5	9	4	3		2
	4		7		1	5	2	4	8
	7	3	4	9	4	5		6	4
1	2	2	2	3	7		8	9	
6		8	8		2		2		
3			1		6	8	7	4	1
1			5		1	2	4	4	1
	3	7	7	3	4		7	3	6

38

9	3	9	1	4			6	4	9
8	9	8	9		7	5	7	3	7
5	8	8	9	7	3		8	4	1
1	8		2	9		8	1	3	
9	9	7	4	9	4	6		9	
5	9	6	7	2		9	9	8	2
1			5	9				4	
5			5	7	7	1		5	
	5		6	8	7	3	6	9	4
7	6	4	1		2	2	2		3

39

	9		6	8	9	8		1	4
4	8	8	1		5	2	7		9
	6	7	1	3		1			7
6	6		5	6	4	3		4	9
	5			2	5	6		6	5
9	5		1	8	7	5		8	7
5	8	9	6	6	4	2	6		1
3	6				3	6	3	4	8
	6	6	5		8	8	3	6	
2	3	2	4	4	7	2	2	4	5

40

2			5	4	1	7	7		2
7	8	1	9	6	9	4		4	9
1	3	8	3	8	3	6	2	6	8
7	2	8	3	9	2		3		
	2	4			7	9	2	2	4
8	7	3		3		9	1		4
6	4		9	9		9		8	9
7	8	9	3	8	7		1		8
	9	7	3	8		4			4
	1	8	2		1	8	1	3	9

41

7		8	8	1	1	4	8	8	1
2		1		6	9	3		7	1
		9	7	4	5		6		5
6			3		2	4		9	2
2	5	5	6	4			9		2
1	7	4		5	8	4	5	7	9
4	6	4	1	6		1	1	6	2
5	3	4	8	4	6	5	8	7	2
6			1	9	8	1		4	
7		1	8	1		5	4		9

42

5	3	7	2	4	7	4	7	4	
5	9	7			7	6	9	9	3
	7	2	4	3		5		5	8
3	3		5		6	5	1		4
7		2	5		4	2	8	9	1
9	1	8	6			8		4	6
	6	9	9		1	8	4	6	
		5			2	8	9	3	
8	9	2	4		8	1	8		5
1	5	5	1	6	1	7	8	3	8

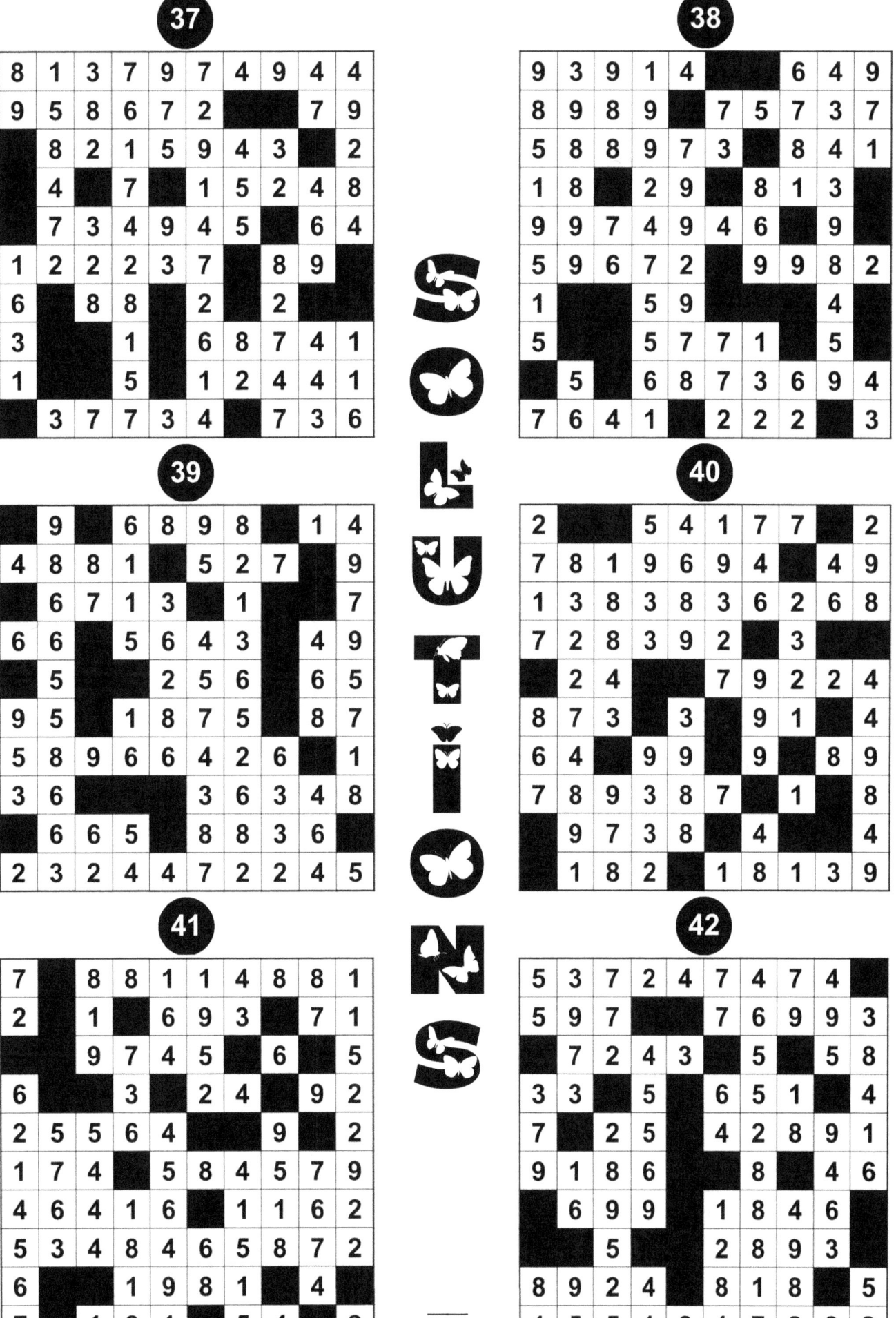

SOLUTIONS

43

	1		9	4	9	5	3		2
			9	3	2	9	3	4	1
1	8	6	1	5	7			1	7
1	7	8	3	1	1	9	3	3	7
1	6	7	6	8	8	2			6
	6			8	9	8	5	7	1
5		8	7		5	2	4	4	
	3	4	2				9	2	7
9	9	3	3	4		2		7	9
8	5	2	3	6	2			3	5

44

1	4		6	4	9		8	9	8
9			7	5	7		3	7	5
8	8	9	7	3	8	4	1	1	8
2	9		8		1	3	9	9	
	7	4	9	4	6	9	5	8	6
		7	2	9		9		8	2
1	5	9	4	5	5	7	7	1	
5	5	6	8			7		3	
6	9		4		7		6	4	1
	2	2	2		3		9	8	9

45

6		9	5		8	4	8	3	7
3	5	4	7	4	8		5	7	
8	7	9		3	6			7	7
9	4	3	8		8	5		6	
1		2	9	6	5		5		
5	5	3		4		5	8	4	4
6	5			5	4	8	4		9
9		6		4	7	6	4	7	8
5	5	3	3	8	9	2	7	2	7
	2	5	8	5		5		4	7

46

			3	4	1	9			2
7		9		9	3	3	4	2	7
9	8		5	2	3	6	2	3	5
	7	2		4	2	8	4	8	8
	4	9	3	1	2	6	2		4
3	6	5		9					4
8	7	6	8	2	5	8	6		8
3	2	7	8	4	8	9	1	8	5
	6	6		6		7	2	3	4
1	3	3	6	6			7	5	

47

		8	3	7	9	7	6	5	8
	8	3	9	2	3		2	4	
7	7	2	2	4	8	5	1	3	9
1	5	6	4	1	9		9	9	9
7	6		7	3	8	5	8	9	
	9	8		3	8	4	2		1
8		2					1	8	2
3	9	9	7		5		9	4	7
9	6	9		6		7		3	9
9	8	2		2	6	9		5	

48

2		7	9				9	3	3
4	2	7	9	8		5	2	3	6
2	3	5	5	2	4	8		8	4
6	8	4	7		3				8
2	6		2		4	3	6	3	7
			4	6	7			6	8
2	5	6	6	8	3	2	7	8	4
5	9	1	8	5	4	4	4	5	2
3	4	7		3		3			6
4		4		3	7	3	8	8	

SOLUTIONS

49

2			8	2	3	3	2	6	2
7	5	4	2			5			4
		2	5	6				3	
	3	1	8		3	7	9	3	
9	3	9	1	5	3	3	2	5	5
9			3	8	9	8	1	1	4
8	8	1		2	1	7		9	3
	7		1				9	8	4
6	6	5	6	4	2	4	9	2	2
5	5	6	4	9	2	1	7	4	5

50

9		6	1	7	9	1	1	3	
		6		8	1	1		2	6
6		2		2	8	9	3	4	3
8	7	7	7		8	5	7		
8	2	6	6	9	7	8	6	2	7
	3		3	8	6	1		8	
7	9	2	8	8	6	6		1	3
5	1		4		1	5			8
1		8	8	7	1	9		4	1
3	4			4	6	8	9	3	4

51

	7		5			4	8	2	9
7		4	4	8			3	4	
			7	8	3	5	3	1	6
9	9	5	2	5	2	3		8	
3	5	4		7		7	2	5	1
8	8	1	4	6	1	8	9		4
4		9		9	6		9	1	2
1	6	8	8	7		8	3	5	6
2	4	4	7	8		8	7	2	5
3		1	6	7		1		6	7

52

	7	3	6	9	4	7	6	4	1
2	2	2	3	9	8	9	5	8	8
1		2	3	1		5		8	
7		4	1	1	5	1	2	4	6
9		3		9	7			3	7
6		2	8	2	9		9		5
	9	2	1		5	4		8	
	3	7	6	5		7	1	3	7
5	7	2		1	6		6		3
6	7	9	7	3		5	5	5	

53

	6	9	2		8		8		5
5	1	3	5	1	4	9	5	8	1
			8	7	6	9		9	4
1	3	4	3	5	8	8	3	3	5
9	6	2	5	1	2	6	7	5	
2	1	1	1		2		8	7	8
	4	9			6	9	1	1	9
4			9				5		3
2	9	4	2	9			3	4	1
1	8	6	2	5	8			1	7

54

	7	4	7	8		1	8	4	6
		6	6	7		2	3		4
9	3	2	5	6		6	5	9	3
	2	8	5	5	9		5	5	8
		7	4	7	2	2	7	8	1
6	1		6	1	4	9	4	6	5
8	5	9	7	8	9	9			
2	5	7	9	9		2	6		5
1	1	7	8	2	4		2		7
6		7		6				7	5

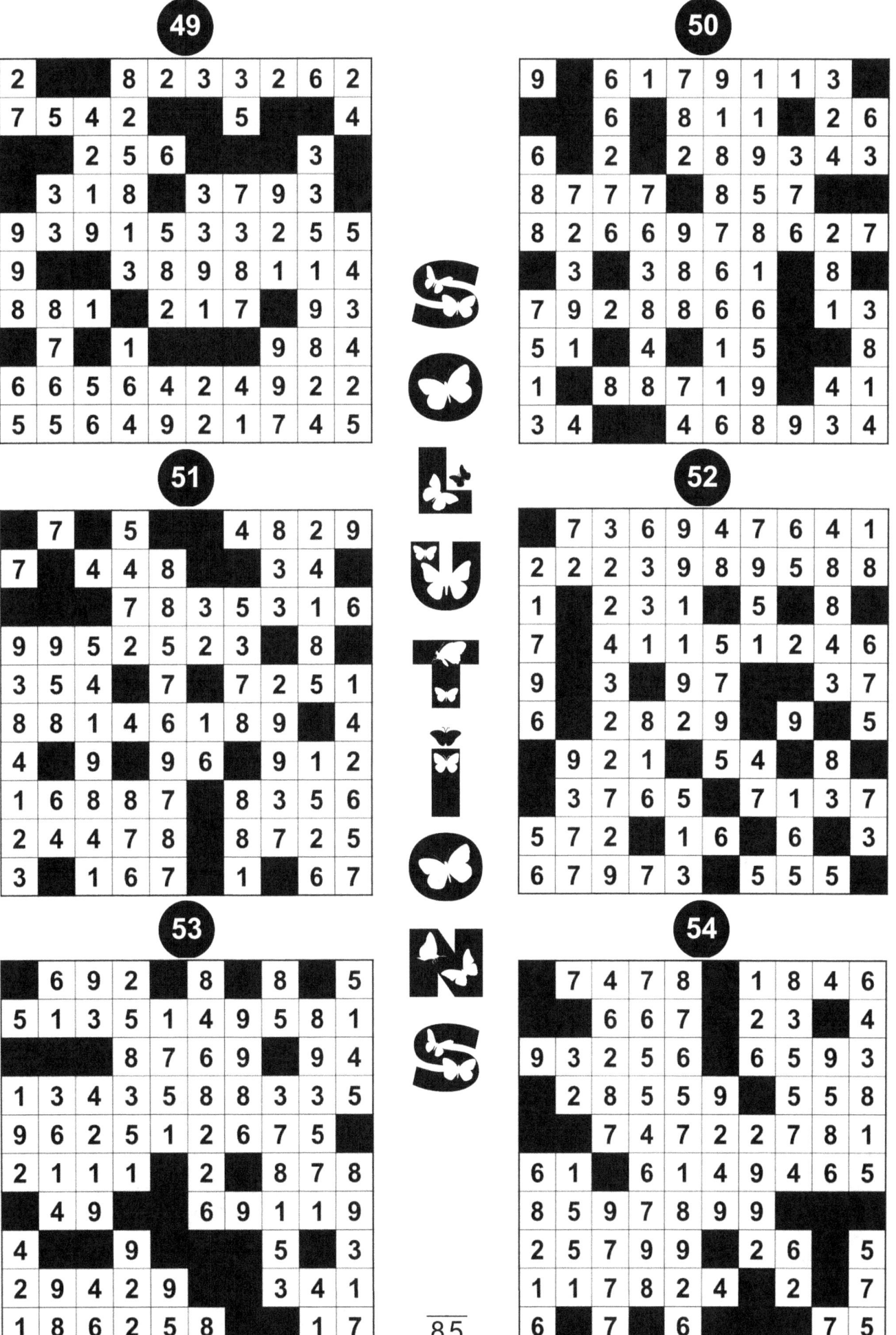

SOLUTIONS

55

6		3	6	4	4	9	7	6	5
		9	8	3			7	2	
	3	2	4	5	8	2	2	4	6
5	1	4	7	1	5	4	2	7	9
9	9		1	7	6			7	3
	6			5	8	9	9		8
3		6				5		2	8
8	3	8	8		2	4	7	1	
7	5	1	5	4	9	6	9	7	7
3	7	9	8	2		2		6	

56

6	1	6	3	9	8	6	1		
8		6	9	2	8		7	5	3
8			2	5	7		4	7	
5		5	1	8	7	6	9	9	4
8	3	4	3	5	6	8		3	
3				5	7	6	2	4	8
2	6	5		3		8	1		
	1	1		1	8	7	8	4	6
6			9	1	1		9	4	
7	5	3	8	9	3	8	9	3	4

57

9		1	1	3	6	8	1		1
	3			7	6		2	2	8
9	3		5	3	8	7	8	7	
8	6	7		8	2	6	6		
9	7	8	6	2	7	3	3	9	7
1		8	7	9	2		8		8
6	6	2	3	5	1		4	1	
5		8	1		8		8	7	1
9	4	1	3	4	4			6	9
9				4	4	5	9	6	2

58

1	9		4	7		6	3	9	9
4		9	9	3	5	8	2	8	6
	2	6	5	1	7		1		8
8		4	8	1	9	3	3		7
2	6	4	4	6	9	2	6	4	6
1	9	5		5		2	5		6
	8		6	2	4	4		4	4
	9		1	2	7	9	9	3	4
	4		3			7	1		
8	6	3	3			7	2	3	6

59

5	7	1		1	5	5	7	2	
7	3	6	3		4		7	9	7
3		2	3		2	3	1	8	1
6	1	8	2	2	3	1	6		
2	7	4		4	2	5	3	2	4
	6	3	3		1	7		3	7
	9	3	8	2	9		1	5	3
	3		2	5	4	8	3	7	8
8	1	1	4	8			8	9	
2	1	6	9		3				

60

3	6	2	3	6	5				2
4	9	9	4	6	8	4		7	4
8	2	7	2	4	3	6		3	7
	4		6				7	7	9
3	5	6	7		8	3	2	8	8
	5	6	9		1			9	
5	4	4	4		5	2	3	5	8
3		3	6			4	5	3	
7	3	9	8	5	3	7	5	4	6
		8	5	5	3	3	7	9	

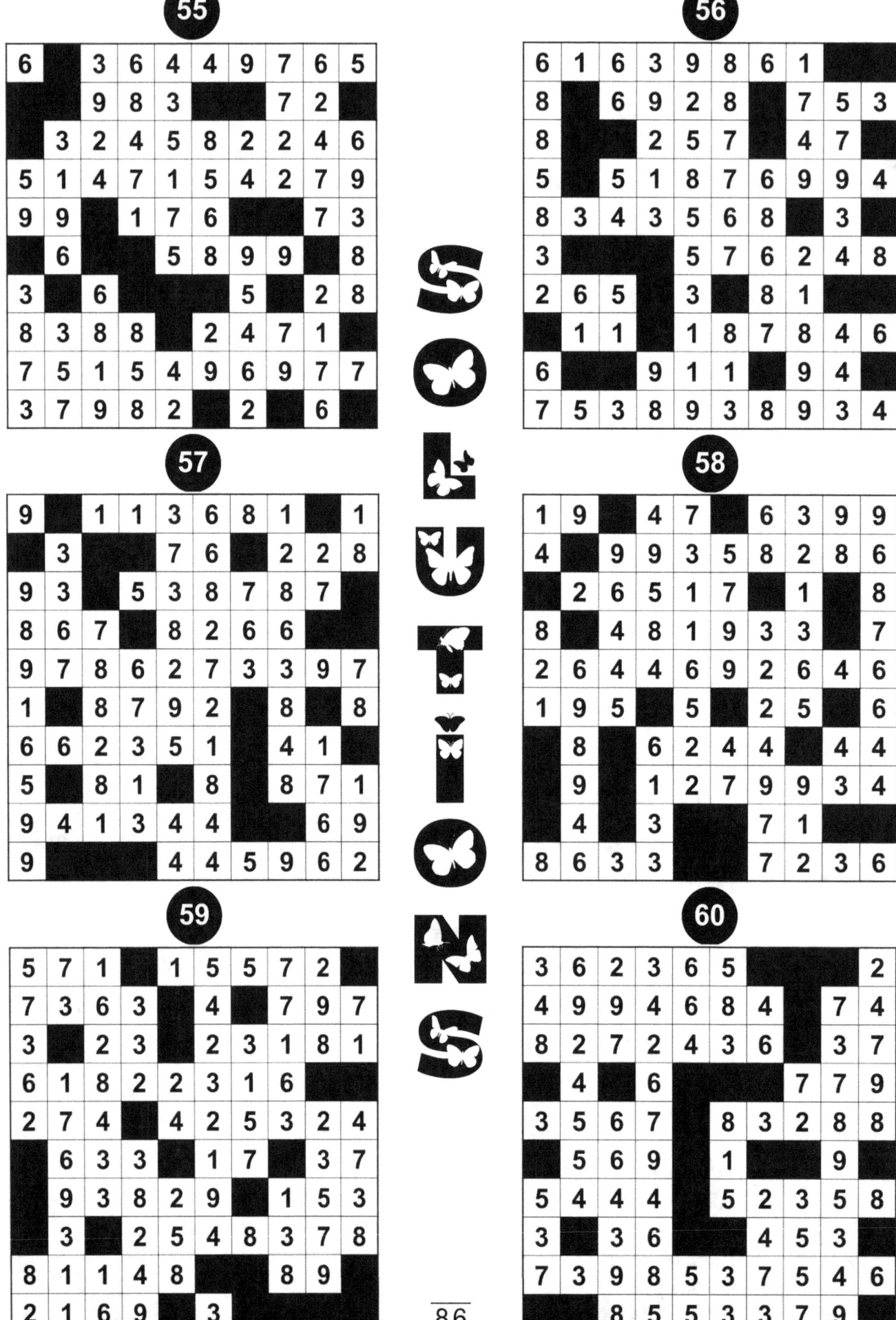

SOLUTIONS

61

	2	5	8	3	6	5	3	9	1
2	1		2	8	7		9	5	7
7	1	1	2			9	5	7	6
	3	9		1	4	9	1	3	5
9	2	9	6	2		6	6	2	7
1			8	9	4	9		2	
1	4	3	7	2	6			5	4
6	9			3	6	4			6
	1	9	5		6	2	6		
7	8	6	3	4	4	4	5		

62

2	4	9			3	8	4	7	9
7	6		5	8	8	3	9	2	
3	2	4	7	7	2	2	4	8	5
1	4	9	1	5	6	4	1	9	
9		9	1	7	6	7	3	8	5
8			9	9			8	3	8
	4	2			1				8
3	1	8	2	3	9	9			
7	5	1	4	7	9	6	9	6	
	7		3	1	9		8		2

63

3	4	2			8	9			9
9	1	5	6	7				4	6
6	8		9	1	8	3	6	5	2
8	8	3	8	9	2	1	7	1	5
5			1	2	5	9	4	9	4
8	3	8	1	8		3			9
4	1		3		4		3	5	
		8	2	3	3	5	9		8
		4	4	1	2	5	7	5	2
1			1	9	1	8	9	1	4

64

	6	3	8	3	5		8	4	7
5	6	1	8	8		7	1	9	
4	8	3	4		4	6	6	9	3
4	5	7	6	2		5		8	3
6	5		3	9		1	1	1	2
	8	7	8	5	7	7	1	1	2
	9	5		7	6	3		9	9
	4	9	1	3	5		8		2
	9	6	2		6	6		1	
	7		1	8			9	4	9

65

	1		6	5		5		5	6
3	5	6	9	4	4	7	5	6	4
9	5	1	1	6	4		8	6	5
7	9		6	6	4	4		8	1
	3			8	2	8	3		6
8		6		6				5	8
7	2	8	1	2		2	4	7	
7	1	2	3	7	4			9	3
9	1	4	5	4		9	8		
8	8		9	6	5	6	3	7	5

66

4	8	1	9	3	3		7	1	
	6	4	4	6	9	2	6	4	
5	9	9	5			5	2	5	
6	7	6	2	4	4	3	4	8	1
2	7			9	9	3		4	
4	3				7	1	8	6	2
		3	6	2	3		6	5	2
4	9	9	4	6	8	4		7	
4		8	2		6	2	4	3	
6	3		7	4	6	7	7	9	

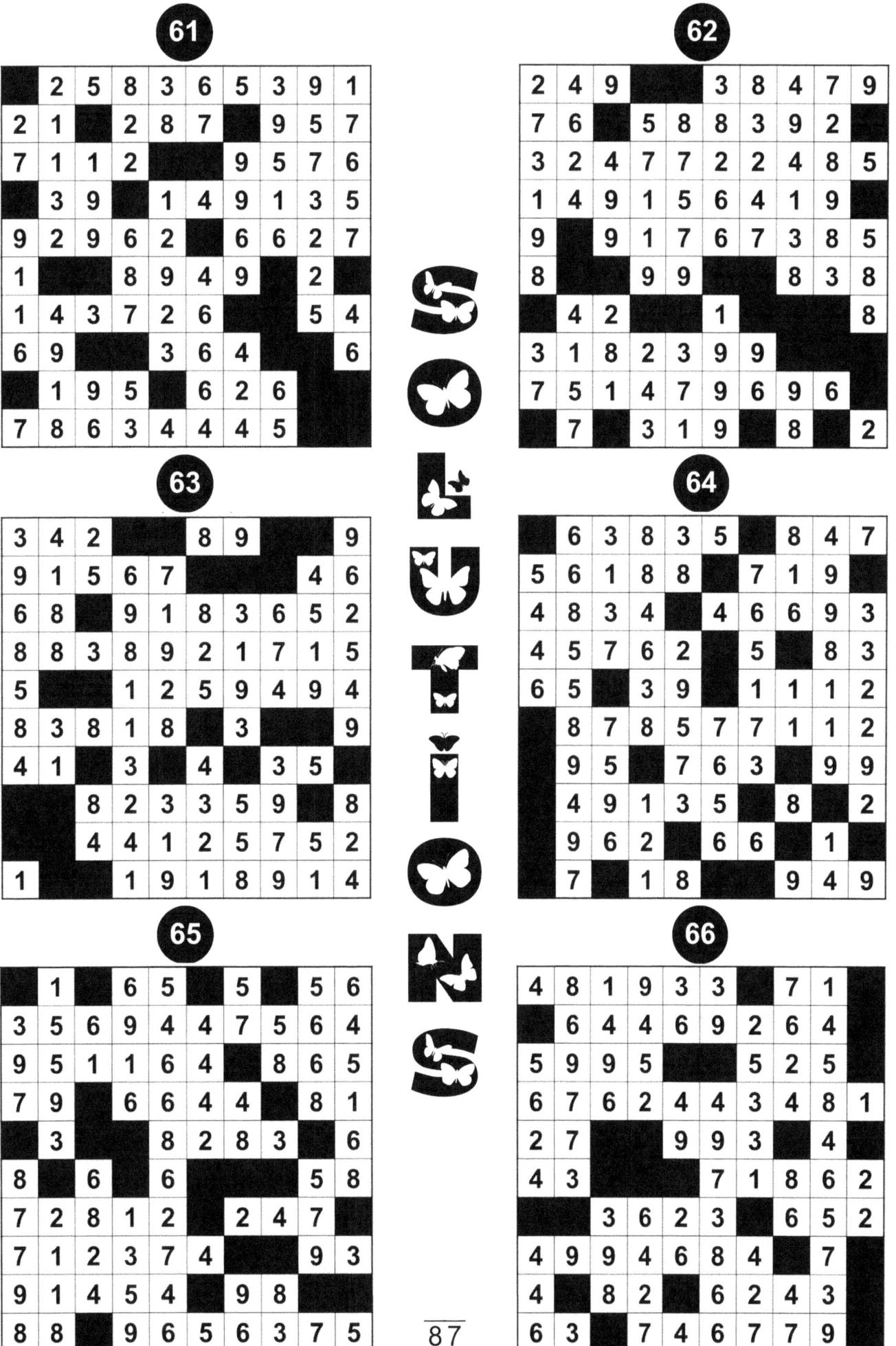

SOLUTIONS

67

6	1	6	6	9		2	5		8
5		3	8	3	2	7		4	7
5	5	1		5	7	6		9	9
4	8	3	2	1	3	6	8	3	
1		3			7	6		2	2
	8	2		3	5	3	8	1	1
1	2	6		7		8	4	7	
	6	9		1	1	9	4	7	6
3	9			9	4	9		9	
3	2	8		1	6	6		2	3

68

		2		8			4	7	3
4	8	9	7	4	3		3		3
	4	1	9	1		6			2
8	2	3		3	2	6	2	7	
5			4	2	6	4	2	5	6
	3		3	1	8	4	7	1	3
9	3	9	1	6	4	3	2	5	5
9		3	8		9	8	1		2
	4	8			8	1	2	2	7
9	4	7	1	9	8	4		6	6

69

3	9		2	7		7		2	4
6	2	5	2		6		9	4	
9	2	1		4	1	5	2	4	5
		4	6	9	3		4	4	6
1		9	5	6	2	3	7	8	
6	3	2	2	2	3	9	1	2	5
1	1	4	2		2				1
5	1			7	6	3	1	5	
3	1	4	6		3	3		9	9
5		7	9		5		8	4	9

70

9	1	1		1	2	8	7		8
5	7	7	9	1	2	9	4	7	6
3	9	9	4	9	1		3	5	
8	2	9		6	2		6	5	1
7	1	8	8					4	8
	1		9	4	3		7	2	6
5			4	6	9		2		6
	4	6	1	9	5		5	2	5
6	8	6	2		4		4	4	
		5	9	1	2	7	1	9	3

71

7	7		6	9	9			4	1
3	4	3				5	8	8	3
3		5	9	5	2	4	1	2	5
7	5	1	1	1	9	1	8	6	8
	4	9	6	9	9	1	8	4	9
5	2	2			9	3		2	9
2	4	1		1		8	6		1
	5	7		1		7		1	
	7	8	3	1	1	9	3	2	
		6	1	5	6	6	8		8

72

4	7	8	8	7	2			5	
3		1	7		7		2	6	7
1	9	6	8	4	4			9	1
3			8	2	8		3	6	2
6	8	7	1	7	2	8	1		2
2		4	7	9	1	2		3	7
7	3	3	9	1	4	5	4	9	
8		8		8	9	6	8	9	3
7	7	1	8		9	7			
3		8	4	4	9	7		2	

SOLUTIONS

73

5	2	3	7	5	5	4	7		7
1	5	9	2	1	3	3	6	1	1
	3	4	3	8		2	5	9	
3	2			9			6	7	8
7	8	6			4	6			2
4	4		7	7	8		6		
2	4	3	9	6	7	1	6	7	9
	2	6	8	6	3	8	3	3	
8		4	8	5		6	1	6	8
	7				1	9	4	8	3

74

7	8	7	9	3	6	7	7	9	4
3	8	8	5	6	1	2		9	6
5			5	5	5		3	4	5
8	4	4	6	5	5		4		8
		4	9	9	6	4		7	6
4	7	8		5	5	3	3	8	
	9	2		7		2	7	2	5
8	5		5	4	7	7	2		
			8	1	2	1		3	6
6	1		1	3	7		3	9	

75

	3	9	6	6	1	6	7		9
2	5	8	6	3	8	3	3	7	
4	7	5		6		1	6		8
		6	1	9	4	8		3	2
1	3		6	9	3	1	3	7	
	6				2	2			8
3	3	5		3		9	1	1	1
2	6		7	8		4		7	7
	9	1	1	9	4	7	6	3	9
9	4	9	1	3	2	8	2		6

76

4	4		4		5	2		1	2
	7	9	9	3	4		4	3	7
1	8	6	3	3	7	3			3
6	7	2	4	2	9	5	8	8	
4	1	4	1	2	7	2	4	3	6
6		1	4		9	7		7	9
3		5	9	7	8	4		3	
	8		8		5	8	9	2	9
5				7	7	7			7
2	4	5			1	3	3	6	7

77

8	4	7			4	8	2		4
2	2	1	4					3	7
4			6	7	7	9		3	3
	6	7	8		3	9		5	8
5	6			9	1	9		5	4
4		4	5	2	1			2	8
3	1	3	4	5	3	7	4	9	6
5	3		7	5	4	6	8	5	5
3	9	5	9	2	4	1	4	2	3
	7	5	4	3	7				6

78

1	2	6	8	9		5	7	7	1
2	2		1		5		8	6	4
9			1	4	9	1		3	3
	9	2	7			7	2		
4	6	2	5	2	6	9	4	9	2
1	4	1	5	2	4	5	4	7	9
3		4	5	6			1	9	6
6		2	4	7	8	6		3	
	2		2			2	3	9	1
3	5			1	1	4	2	3	1

SOLUTIONS

79

		1	4	4	8	2		7	8
					7	9	9		
3	7	7		9	1	9			6
8	2	6	9	8	6	3	5	5	4
5	3	1	3		8		1	1	4
	4	5	3	8	1	9	6	3	4
7	3	4		6		8			
3	5	3	1	5	9	9	5	2	5
2	3	7	3	5	4	7	6	1	5
9	8	7				9	3	6	1

80

4	6	5	5	4	8	4	9	9	6
4	7		6	4	7	8	5	5	3
3	8	9	3	7				2	7
2	5	8		5	5	4	7	7	2
8	1	2	1	3			6	6	1
1		3	7		4	9		2	8
	9	3	5	3		8			8
8	7	8			6	4		6	2
7	4		7		8			8	7
2		7		3	9	9		7	1

81

		2		4	6	9	4	2	3
	7	6	3	3	8	3	4		5
3	9	2	2	1	2		6		7
9	5	7	7	1	1	2	9	5	
7	6		3		9				1
4	9	1	3	3	9		2	7	7
	2	4	6	2			5		2
6	9	4	9	2	1		4	1	5
2		4		5	4			6	9
3	4	4	6	1		9	5	6	2

82

	5			3	1	4	6	3	2
9				7				3	6
9	2	8	2		9	9	5	3	
2	1	4	4	8	3	7	8		7
9	1	3	7	7	9	2		1	
6	8	3	6	1	9	7	3		5
		5	5	5	3		2		3
	8	1	1	4	5	5	4	8	2
9	7	3	4	7	3	4	7	8	3
5	3		1	5	9				9

83

4	7	8		8	1	5	4	9	
1	6			7	2	3	1	7	6
6	6	7	4	5	6	9	5		
5		8	6	6	5		9	5	2
1	7	5	9	7	5		8	1	
7		6	4		4		9	1	4
9	3	8	3	7	9			7	6
5			8	8	3	9	2	3	2
4	7	7		2		2	4		
		8		5	1	3	9	1	5

84

4	7	3		4	3		5	5	8
3	3	5	6	5	2		4	8	2
5	4		3	8		1	1		9
	1	8		6		8	4	6	6
9	9		1				8	4	
		6	5	2	8	9	3	8	9
2	4		8	1	8	6		1	5
	5	1	7	1	7	8	3	8	1
9	3	2	6	1	5	4	3		
5	8		2	6	3			5	9

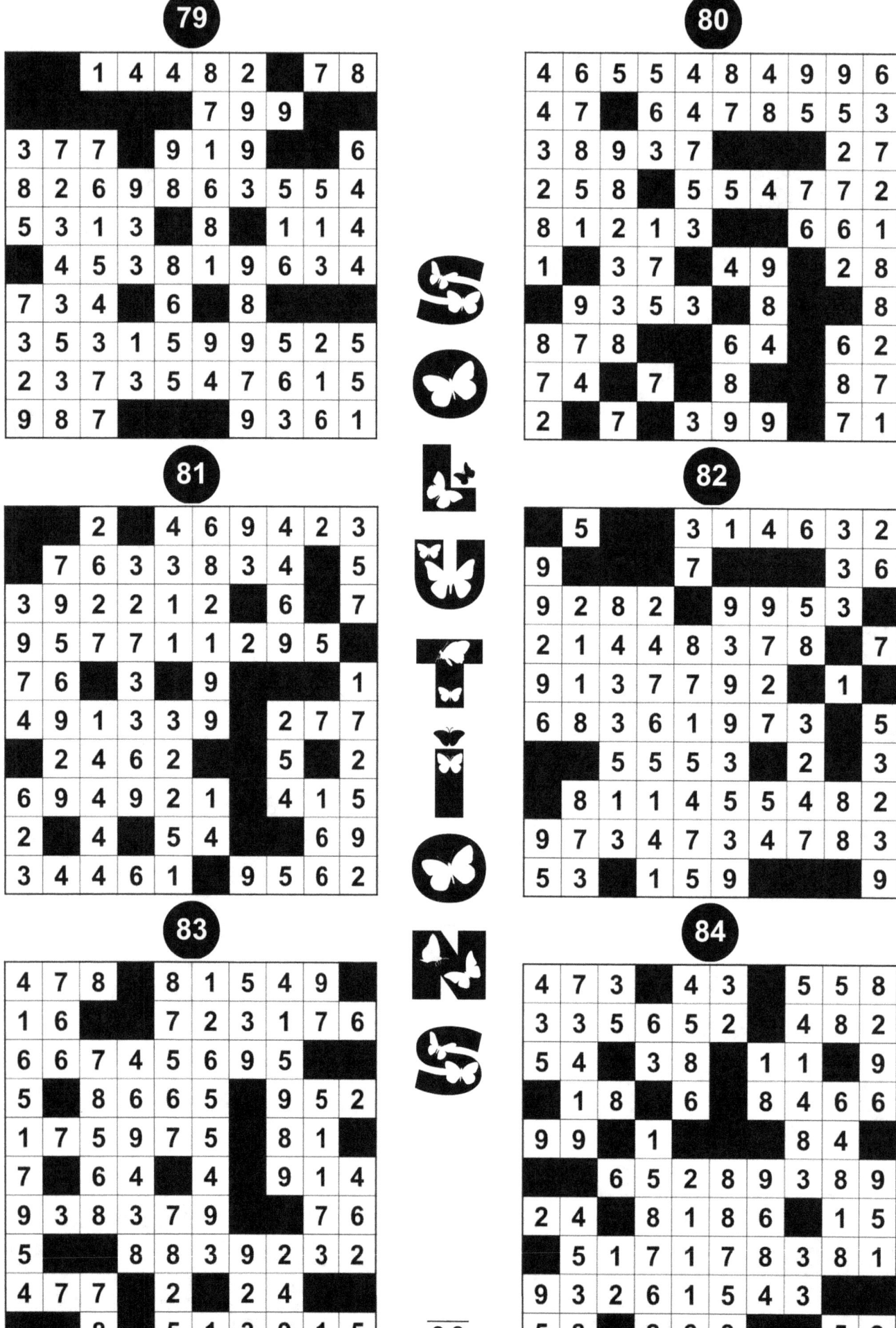

SOLUTIONS

85

9		2	8	7	5		5	1	2
		5	1	4		9	5	8	1
8	7	6	9	9	4	1	3	4	3
5	8	8	3	3	5		9	6	2
4	1	2	6	7	5	2	1	1	1
			1		8	7	8	4	9
6	9		1	1	9	4			
9		5	3	2	9	3	2	9	
3		4	1	1		8	6		1
5			8		1	7			1

86

9	1	3	1	6			8		8
8	9			4	5				6
2	5	4	7	8	8		7	2	5
		4	1	7		7	2		7
7	1	9	6	9		4	4	9	1
	3	8	3	8			3	6	2
6	8	7	1	7	2	9	1	2	2
			4	7	9	2	2	4	8
	7	3	3	9	1	4			6
4		9	8	9	8	9	7	8	9

87

6	5	8	7	2	6	1	9	8	
	1		4	7	2		8	1	5
		4	9	1	6	1		2	3
	1	7	8		8		8	9	
4	5		6			3	5	5	
8	8	9	7	3	5		4	1	
7	7	2			7	8	1		1
7	9	4	4		9	2	4	9	3
8		4	7	2	7		9	8	2
8	3	9	2		3	2	4	7	1

88

2	9	6	2	6		6	2	7	1
8	9	4	9	2	1	4		3	7
	2	6	5	4	6		9	3	
6	4	6	1	9		5	6		2
6	7	8	6	3	4	4	4	5	9
	1	2	8					1	1
		4	4	5	3	8	1		9
		6		3	3	7	3	4	
6	5	3				5		9	9
5	6	9	4	8	4		8	3	7

89

	6	4	3		4		9	5	2
	5	6	6	5			9	5	1
8	7	5	8	7		5	7	9	6
	6	4		2	6	1	3		6
3	6	3	4		8	6	6	5	8
8	2		6	2	3	2			4
4	7	2	2	4		5		4	1
	3	6		1	4	3	1	7	
	9	9	8	9	7	5		7	3
	5	5	8	8	9	7	3		

90

8	2	8	3	1	2	3			3
5	8	1	3		3		4	9	8
4	4		1	2		5		7	5
1	9	9	9	1	7	9	1	4	8
8		2	9		1	8	4	9	
5	5	1	9	3		1	9		2
4	1	1	8	8	3	5	7	3	6
	3	7	1				3	1	1
9		3	2	6	3	5	6		6
				8		2	2		5

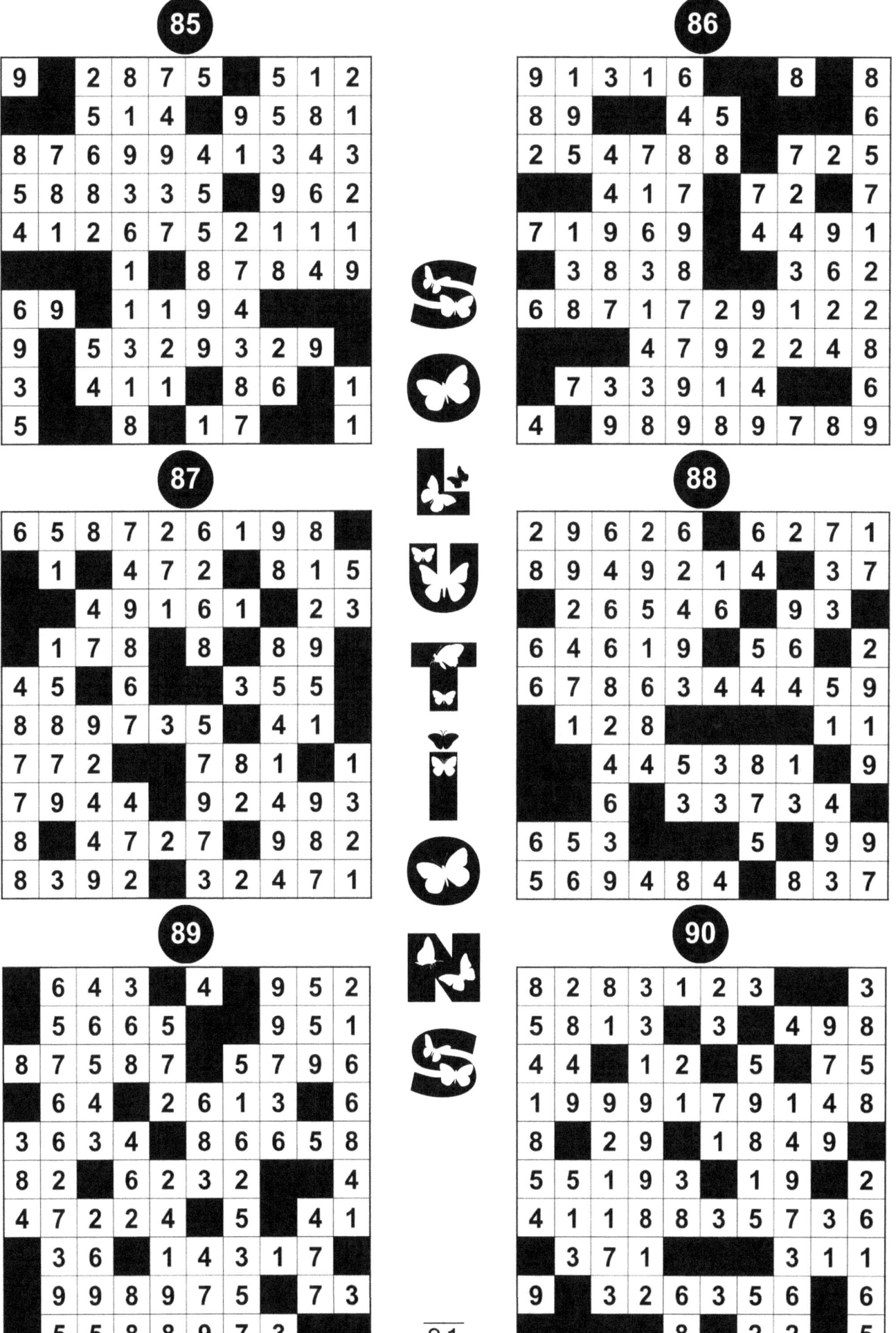

SOLUTIONS

91

4	5	4	8	1		9	6	3	4
	7		3	4	6	8	3	5	3
	1	5	9	9	5		2		5
2	3	7	3	5	4	7	6	1	5
9	8	7	9		3		6	1	
7	9	4	3	8	9	5	9		1
	2	9	6	7	8	7	8		3
4	6	2	4		4	7	7		8
6	2	4							3
9				6	7	1		6	7

92

	7	7	9	2		3		6	7
			8	3			9		5
8		4		6	9	1	8	5	4
	4		4	5	2	1	2	8	3
	1	3	4			5	3		7
3	9	6	5	3	7			5	4
6	8	5		5	3	9		5	9
2	4	1	4	2	2	7	5	4	3
7	6	1		5	9	1	9	2	3
5	9	9	2	4	3		8	2	

93

	4	9	1		4	9	1	4	3
	9	2	7	7		2	4		
6	2		5	2	6	9	5		9
	2	1	4	1	5	2			4
5	5	7	1	3		4		5	6
1	1		6	6	3	4			7
8	7			3	2	2	2	3	9
	1	3	6		1	1	4	2	
3	1		5	2	7	6	3	1	5
	3	2	4	6	3	3	1		1

94

4	6	1	1		3	4			4
9			2	6	9	3	2	1	
6		8	8	7	8	6	4		6
2		4		4	7	8		8	7
2		5	3	9	6	7	1		6
			7	9				2	6
8	6	4	8	3			3	8	5
8	5	6		1	6	8	7		1
1	4	8	3	2		1	3	6	9
4	2	3	7	6	2	3	8	3	4

95

1	9	2	4	1		1	8	8	
3		5	7	3	6	3	7	1	
3	1	9	8			3	2		6
3	5	6		5	7				1
2	5		5	7	2	8	4	7	
3	4	8	9	7	4	3	3	3	4
1	9	1		6	2	9	2	3	3
2	6	2	8	5	4	2			6
	4		2			5	7	4	
4	1	8	4	8	1			3	

96

4	8	7	4	4	9	4	5	6	4
1	3	3	2	3				7	8
1	6			8		8	2	2	3
1	6	8		7	4	1	2	5	1
2		4	4		1	3	7	8	3
5				7	3	6			3
7		1	5	1	3	2	5	2	6
		3		5		6		5	7
	1	4	5	5	7	2	1	6	7
		3	4	8		9	7	4	3

SOLUTIONS

97

6		6	4	2		7	1	4	6
3	6	3	4	9	7		6	5	8
8	3	6	2		3	2		4	
5	7	2	2	4	6		5	1	3
7			1	4		3	2	7	9
9	9		9	7	6	7	3		
	5		5	8	9	9	8	3	
6	4		2	7	8			2	7
8	2		3		7	9	7		5
9	4		4	9	6	9		6	7

98

6	4	8		6		5	7	9	6
6		4	1				6	1	3
5	2		5	3	4		8		
6	5	4	8	7	2	6		1	
	2	1	3	4	7	1	2		3
5		4	9	3		6	9	4	3
1	6				8	8	8	9	6
5	6	2	5	5	7	8	8		
7	2	5	4	1	7	7	2	7	7
	1	3	6	9	6	4		9	

99

2	4		8	7	3	4		9	1
5	6	4	1			9	9	9	1
7	8	9	3	8		8		2	9
9		8	3	8	4	4	1	8	
3	1	8	2		3	9	9		7
7	3	4	7	2	6	2	6		1
3	1	9	8				2	2	6
		3	5	6	5	7	1	1	5
		5		7	2	8	4		6
3	4			7		9	7	4	

100

5	5	9	5	6	8	1	5		7
	5		2		7		2	2	7
	3	6	4	5	9		5		7
6		9		8	3	7	2	1	9
2			5	8	2			9	
2	6			5	1	1	7	2	3
4		2		8	9		9	9	1
5	6	7	4	6	6	8	9	1	
8	3	6	5	2	8		8	3	8
9	2	1	7	1	5	5		1	

101

		4	1	9		1		6	9
9			2	3	3	2	6	9	
8	5	2			2	6	2		2
5	7	1	4	1	8	4	8	7	3
9	3	1	1	6	1	3		2	5
5	9	4		8	7		6	8	
2	4	8	6				8	3	2
	7	7		4	7			8	1
8			4	6	6		6	7	2
3	4	9	3	2	5	6	6	5	9

102

	6	5	8	7	2	9	1	2	2
4	7	7	2	2	3	8	4	9	3
9		1	4	6		4	9		8
	8	8	9	6	5	6			3
		7		5	8			8	9
	7	3	8	4	1	9	7		2
	9	8	1		3	9		9	
	7	4	9	4		6	9	5	8
6	7		2	9		9	8	2	1
5	9	4	5	5		7	7	1	

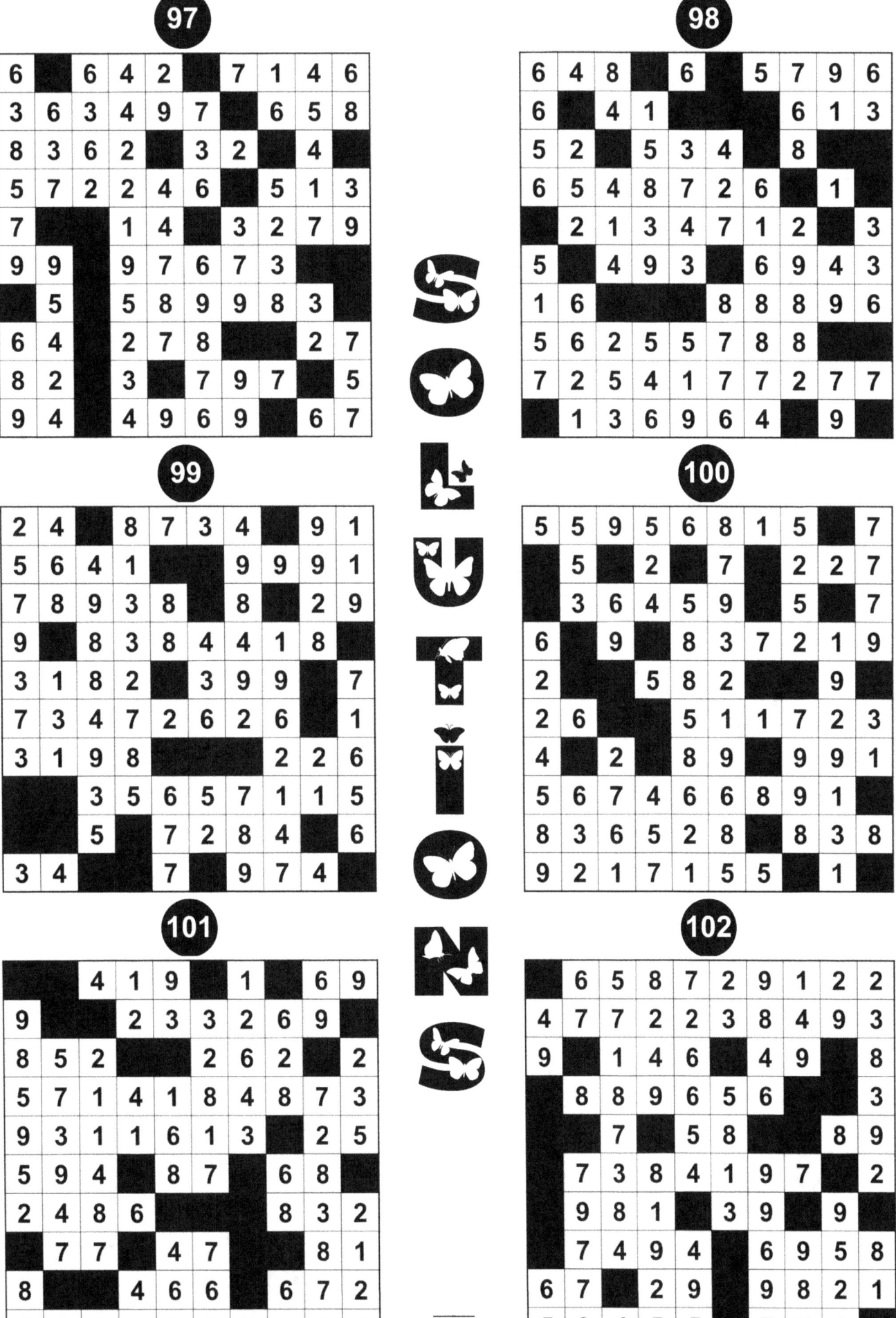

SOLUTIONS

103

2	2	1	5	8	■	6	■	4	9
1	4	■	■	9	1	3	3	9	■
2	■	7	■	7	2	■	4	6	2
5	■	2	6	■	9	4	9	2	1
4	■	1	5	2	4	5	4	■	7
9	■	■	3	4	5	■	6	1	9
6	■	6	2	4	■	■	■	7	8
6	3	2	■	2	2	3	9	■	1
3	■	5	1	1	■	4	2	3	1
5	1	7	6	■	3	1	5	3	2

104

7	7	1	4	5	6	8	7	■	3
6	9	4	7	6	4	1	2	2	■
2	■	3	9	8	■	9	5	8	8
1	2	■	■	■	2	1	5	8	7
4	1	1	5	1	2	4	6	■	9
3	9	7	3	■	7	6	2	8	2
■	9	9	5	9	2	1	5	■	■
4	8	■	3	■	■	■	7	6	5
7	1	3	■	■	■	7	■	5	7
2	1	6	■	6	3	6	■	■	■

105

1	6	1	■	7	8	3	1	■	■
■	■	■	1	9	3	2	6	1	5
6	6	8	8	2	6	6	■	7	9
8	4	7	1	5	8	7	5	2	3
3	3	4	1	9	1	■	7	■	■
■	9	9	■	■	3	3	4	2	7
9	■	8	■	■	■	5	■	2	2
6	■	2	3	5	■	■	7	2	4
2	8	4	8	8	■	■	4	9	3
1	2	6	2	4	3	6	■	5	9

106

1	4	1	5	■	2	■	4	■	5
4	■	■	6	9	■	3	■	■	■
4	■	4	6	1	■	9	5	6	■
2	3	■	7	8	6	3	2	2	2
3	■	9	■	1	3	5	1	1	4
2	2	1	5	■	1	7	6	■	3
1	5	■	3	1	■	■	4	6	3
3	■	9	9	5	7	9	5	8	4
9	3	5	3	2	1	4	4	8	5
7	8	■	■	7	9	3	3	■	7

107

9	3	2	8	5	5	9	5	5	8
■	1	■	4	7	■	4	2	7	2
1	6	3	6	4	■	4	■	9	■
4	■	■	6	5	8	8	■	3	■
7	■	2	1	9	■	■	2	5	7
2	■	■	9	2	6	5	1	1	7
1	2	4	2	■	7	9	9	9	■
1	5	6	7	3	6	5	8	■	■
9	9	8	■	3	■	■	■	6	5
2	8	8	3	8	8	2	1	■	7

108

■	1	2	4	3	5	■	8	8	3
3	5	9	5	1	4	1	■	■	■
2	5	7	5	■	1	9	1	9	1
8	6	8	4	8	6	9	9	1	8
4	9	5	2	■	2	9	3	1	9
■	2	4	1	1	8	5	■	1	■
5	■	7	1	6	1	■	7	8	■
3	■	1	1	■	9	3	■	■	■
2	6	■	■	■	1	5	6	6	8
8	■	2	■	■	6	6	7	9	8

SOLUTIONS

109

5	2	2	6		2	2	5	4	1
4	8	8	4	5	7	3		7	3
	7		1				6	1	3
2	5	3	6		4	6	7	6	8
2	4	6	6		8		3	2	
7	7	4	5		8	1		8	4
4		4	3		4	2	3	4	
7	3	2	5			3	4	2	7
		3	8	8	5	3	6	5	
3	5	7	4	4	2				2

110

2	3	5	9	9		2	4	3	8
		2	5	8	3	2	9	5	7
7	7	8	5	4	5	1		4	
3	6	7		7			6		1
	4	3							9
6	6	1	6	6	9	2	5	8	
5	3	8	3	2	7	4	7	5	
	5		1	5	7	6	9	9	4
8	3	1	1	3	6		8	3	1
3	7	6			2	2	8	2	

111

8	3	1		9	2	4	1	1	
8	8	3		5	7	3	6	3	7
1	3	1		1		9	3		
			2	6	3	5		6	6
8	1	2		5	6		7	2	
8	4	7	3	5	8	9	7	4	3
3	3	4	1	9	1	6		2	9
2			3	4	2	6	2	8	5
4	2	6	4		3		5		
		7		4	4	1	8	4	8

112

6	6	7			4	6	7		1
5	5	8		6	7		5	1	
6	2	2		7	5	9	7	6	8
1	7	7			5	5	9		2
4	9	3	9	4	7	9	7		
	7	5	9	8			3	9	2
3	2	4	7	8	2	3	4		8
5	1	4	9	2	5		6	4	1
	9	9	9		1		7	6	7
3		8	6				8	9	9

113

		1	8	9	4		9		2
1		4		3	7	2		6	5
4	6	9	3	6	4	6		1	9
5	6	2				6	7	8	6
3	4	4	4	5		9	1	2	
8	1	1	3	4	5	3	7	1	9
6	3	3			7	3			4
6	5	2	5		9		9	5	6
9	4	8	4			8	3		7
	3	4	3	7	4	8	5		7

114

5	3	2	3			8	4	1	
4	5	5	4		8	4	9	7	6
4	7	6		4	7	8	5		
5	3	1	5		9	2	5	2	5
2		3	8		5			5	4
7	7	2	5	1	2		1	3	4
	6		1	1	3	4	3	9	
2	6	9	3	2	1		6	8	
8	7	8	6	4	6	2			
4	4	7		7	8		7	2	

SOLUTIONS

115

2			6	3	5	6		5	7
	1	4	5	5		7			
	2		1	6	6		3	4	7
9	7	4	3		3		2	3	1
2	3			6	2	2	4	3	
3	2	6	2		7	7	4	2	5
4	2	5	6	3	3	1	1	6	7
9	5		9	5	9	3		5	
3	3	2		5		5	9	6	8
9	8	1	4		4	8		8	1

116

	2	8	5	5	9	5	5		8
1	4	6		4	2	7	2	1	6
3	6		4	4				9	4
6	5					8		8	
	3	7	2	9	9	2	5		7
	2	9	1	6	5	1	1		7
1	2		4	2	7	9		9	9
9	4	6	7			3	5	5	8
9	9	8		3	6	4	2	7	8
2	7	8	2			1	7	9	5

117

	8	1	6	8	8	2	2	3	2
6		8	7		4	1	2		5
1		2	4	6	1	3	1		8
3		7	7	3		9		3	9
1		5		1	3		2	5	4
		8	3	7	6			5	7
1	4	8	6	7		2	1	6	
7		3	7		8	9	7	4	5
6	5	6	1	2		4	9		2
2	5		5	6		4	9	2	1

118

1		4	4	8	5	7		8	
	7				9	3	3	7	
7	9			4	1	6			8
5	6	9	2	9		5	5	5	4
5	3		1			3	8	4	1
	4		5	5	4		8	4	9
6	6	4	7	6		4	6		
8	5	5	3	1	5	9	2	5	2
5	2	3	7	5	5	4	7	7	1
5	1	2	1	3		3	6		1

119

4	4	6	7	7	6	1	4	3	9
6	6	1	6	7	9	8	5	8	3
3	8	9	2	7	2		7		
	2		5		1	5	7	6	1
7	2	8		1		2			1
3		6	8	1			1	3	7
6	2	2	8	9	3	5	3		8
8	8	7	8	6		7			8
	2	7		6		9	7	8	7
2			7	3	3	9			7

120

5		3	2		1	4		4	8
2		7	8		7	9	1	3	7
	7	9				1	1		6
	8	3	6		9	8	7	3	
5	5	4	5	3	2	3	8	1	1
4	5		5	4	8	2	9		7
3	4	7	3	4	6	8			3
	5	3	1	5		9	9	5	2
5			2		3	7	3		5
4	7	7	1		5	1	8	7	1

SOLUTIONS

121

1	4	5	6	5	2	3	3	3
4	7	8	1	6		8	8	2
3	3		2	6		8		7
5	2						2	5
		2	3	5		4	1	
4	7	7	4	5		7	3	6
	3	7		2		6	2	3
2	5	3	6	4	5	6	6	
			7	2	4		5	6

122

	6			4	3	4		8
5	2	5		5	6	5	8	
5	2	7	6	5	8	6		
5	7			1	6	6	4	2
6	2	3	6	3	5	3		4
	8		6	6		5		8
7		3	6	2	3	2	4	4
	7	2			2		4	5
4		1		3	6	1	4	3

123

2	3	4	1	3	3	5	6	6
5	1	3	2	7			5	5
	8		4	5	7	7		4
	6					2	2	6
8	2	6	1			6	1	4
8	4	6				5	8	5
1			6	8	1	8		2
	5	7	8	8	2	5	5	
1	1	6	7			2	4	2

124

7	3	6		3	4	7	8	6
3		3	3	2	3	1	8	1
6	2		7			2	2	
3		2	5		2	7	4	4
2		5	3		2		4	6
3		3			1	7	3	
	7	1	3		8	3		8
1		5	3	3	2	5	4	
8	3	7	8	7	1		1	

125

2	3	2	3	7			8	1
5	7	7	2	2	3	2		5
	8	7	4	1		2		
5	1			2	4	4	1	3
7			7	3	4		6	
3	6	2	6	1	5	1	3	2
5	2	6	3	5	6	5		
	7		1		4	5	5	6
2	1	6		6				3

126

7	8	5	4	5	2	6	4	
6		7	7	6	2	6	3	1
	8			6	1	8	6	1
	2		8	7	5	3	8	
3	5	7	4		7	5	5	1
		8	7		6	1	1	4
7	3		4	4			5	6
	8	3			4		5	7
		6		2	5	8	3	6

SOLUTIONS

127

8	5	4	4		4			4
2	1	2		7	3	1	3	
			4	4	3			7
3	8	6	5	3	6	5	3	6
7	4	4	2	8	5	8		2
4	1	4		2		2	6	
	5		4		3	6	6	1
4		8	1		1		2	3
5	8	1	2	4		3		7

128

1	3	1	6		5		5	5
6	3	2		3		8	4	2
4	5			5	4	8		4
		1	7	6	4		7	
6	5	7	8	6		6	4	1
6	1	3	5	2	5	3	4	8
6	5	4	7		7			2
6	1			2	2	3	4	
6		2				2	3	5

129

7		7		2	2	3		1
5	8	7	4		1	2	5	1
2	4			4	1		3	7
	7	3	4	6	3	6	2	
6	1	5			1	3		
2	5	2	5	3	5	6	5	7
1	4	5				5	6	2
1		6	6	3	4		7	8
7	4				3	3	3	

130

4	1	7	6			4	7	6
5	7		8	6	6	4		1
6	1	3	5			2	5	3
	4	7	6	5	4	7	7	2
6		1		2	2		3	4
6			2	2	3	5		
4		8	3	6	1	4	3	1
6		8		8	7		8	6
	5	6	3	5		4		

131

			2	4	4		1	3
		7		7	3	4	6	3
	6					3	6	1
5	1	3	2	5	2	6	3	
5	6		5				7	1
4	5	5	7	2	1		6	6
		3	4	7	8	7	4	3
3	3	4	1	2	3	6		2
2	4	3	3	2		6	2	7

132

7	4	6		6	1		1	2
8			4	6		5	3	8
8		4	8	1	3	4	8	2
8	6	2	5		5	1	7	
1	7		8	4	8	1	8	3
	3	6	2	5	4			4
5	8	2	6		4	5		1
8		5		5	2			
5	6			7	5		2	4

SOLUTIONS

133

7	6	1		2	2	1	5	
7	6	3	8	1	4	8	1	3
		5	8	2	8	6	2	
6	5	2		7			2	7
	8	4		8	2			
1	4	3	7		2	6	5	
4	6	1	3	6	4	6	1	
			8	5		5	2	5
6	8	6			3	4	4	4

134

2			1	7	1	3	8	8
6	6	2		4	6	2	5	2
5	8	2		8		8	7	
2	1		5	2	4			5
4	6	1	1	4	4	6	1	7
3	5	2			3	6	8	6
	3		2	2	2	3	8	7
		8	5	1		7	2	
2				3	1			5

135

6	3	5	3		4	8	4	6
	5			8	7	3		6
2		1	8	2	4	7	2	
	8	1		5	4	1	1	
6		1		2		3	2	7
8	8	8	1		4		5	
6	3		5	5	7		8	8
	7	3	5	4	2	7	7	2
		7	7	2	1	6	8	

136

6	6	2	7	1	2	1	3	5
	6	1		1		3	6	3
8	2			7		8	3	4
3			8	7		7		7
	7	5				4	5	2
6		4	6	7		7	6	
	2	6	3	1	8	6	1	8
	6	1	2	7	7	5		3
8	3	5		7		4	7	5

137

1		4	2	4	7	6	3	3
8	3		4	5	4	1	2	2
2	3	6			7	8	5	
7	7		1	2			2	1
5	7	6	4	1		1	5	1
2	4	3	1	3	7	7	3	4
6	2				5	2		6
	1	5	1	2		1		
		4		2	5		3	

138

8	1	7	4	4	4	3	4	2
1				2	7			3
	8	3			3	4	3	6
3	8				5		5	3
	6	4	3	5	7	4	4	
2	8	4	8	2	4			
1	4	1	2	6	4	4	3	
6		5	1	4	8	1		8
	2	2	5	8	8		2	3

SOLUTIONS

139

8	3	6	1	4	3			
		1	6	7		7	7	8
6	5	6	2		4	4	7	
7	8	6		2			5	4
1		6		7	2	6	7	1
3	6	8			6	4	8	3
3	8			5	7	5		
6	2	6	8	7		2	1	5
8	4	3	2		4	6		1

140

3	7	1	1	1	1	7	6	7
4		6		6	8	1	1	8
4	6	5	2	8			8	
			3	8		8		
2		4	7	1			7	5
1	5	5		1	6	1	7	7
3	7		1		8	3	2	6
1	5	4	3	5		8	2	
5		3		5	8		8	4

141

4	2	7		1	1	1	1
6	5		6	3	5	5	7
1	1		7		3	5	
			4	2		7	
7	3		7	7	2		4
6	1		7	5	1	4	4
1			5			1	6
6	3	6	1	7			

142

3		4	5	6	2		
1	5				6	3	4
6	1		6				
3		3	3	3	3	1	2
3	5	2	2	4	3	3	
		2	5	2	6	6	4
2	5				4	2	
4	6		3	3	1	1	5

143

4	5	4	1	2	2		2
3			6			7	1
5	7	7	2	2	3	1	5
7	6			4	1	2	4
	1	2	4			3	
			1				
3	6	6	3	4	6	2	5
2		6		1	4	1	3

144

1	4	5		7	5	7	
5	6		2	1		7	7
	2	2	5	1	4		
5	4	6	6	1		4	
		4	6		7	6	
3	5			1	3		6
5	4	1		2	2	2	3
1		7		1		5	7

THANK YOU

We hope you've enjoyed our **Number Fill-In Puzzle Book for Adults**. Your satisfaction is our priority, and we would greatly appreciate it if you could take a moment to leave us a review on Amazon by scanning the QR code below. This way, you will help us inspire more readers to enjoy this exciting challenge.

Thank you for choosing our book!

MIND SPARK

www.ingramcontent.com/pod-product-compliance
Lightning Source LLC
Chambersburg PA
CBHW062113220526
45471CB00010B/3718